名水紀行

～平成の水100選を訪ねて～

「名水紀行」発刊に寄せて

「水」、その形態は「雲・水蒸気・湯・冷水・氷」であったり、「春先の慈雨・嵐の豪雨・清らかな清流・洪水時の激流・地震時の津波」であったり、これほど態様が変化する物質は「水」以外にないでしょう。このように変化する「水」に対し人類は畏敬の念と畏怖の念を忘れかけていないでしょうか?

2008年7月美しい地球を守るために各国の首脳たちが意見を戦わせたG8洞爺湖サミットが開催された同年6月に、環境省が全国各地の湧水、河川、用水、地下水の中から地域の生活に溶け込んでいる清澄な水環境の中で、特に、地域住民等による主体的かつ持続的な水環境の保全活動を行っているところ100カ所を「平成の名水百選」として認定、「昭和の名水百選」に加え、併せて200選となりました。

今回の発刊にあたった「NPO法人環境フロンティア21」は、3年間の準備期間を経て2010年4月に設立されました。この法人は、広く一般市民を対象に、21世紀の水環境の再生・創生の諸問題解決のために、日本国内の水環境保全啓蒙普及活動事業、海外発展途上国への水環境保全関連技術支援事業、水環境保全に関連する環境教育事業及び会員相互の情報ネットワーク構築事業を行うことで、水環境保全に関連する分野での社会貢献に寄与することを目的とし、会員は「水」に関して国内外で多くの経験を積んできた産業界、学界、公官庁のOBや法人の方々約1

００名でスタートしました。

活動の一歩として、水道産業新聞に「名水紀行　平成の水１００選」を掲載することが決まりました。第１回の千葉県君津市の生きた水・久留里から第１００回鹿児島県大島郡知名町のジッキョヌホー（瀬利覚の川）まで、会員が現地を訪れ、水が創り出す美しい自然の中で日々暮らしている姿や水環境の保全に取り組んでいるボランティア団体・地元の関係者から生の声を取材してまいりました。湧水で育った文化を住民が守る町、自然豊かな故郷を思い出すような水の原風景を守る人たちや「水」に畏敬の気持ちを持ちながら生活を続ける人たち、水が創り出す美しい幻想的な自然、絶滅危惧種の魚を育てる湧水、人間の命に活力を与える霊水、美味しい魚介類を育てる地下水など魅力いっぱいの名水を数多く掲載してまいりました。

本書は、８年４か月をかけて新聞掲載された「名水紀行　平成の水１００選」の集大成として内容を一部訂正加筆しまとめたもので、読者の皆様が名水を訪ねていただければ、私たちが受けた感動を共有できることを確信します。

取材にご協力いただいた地元の関係者と、様々なご配慮をいただいた水道産業新聞社に心より謝意を表します。

平成30年３月

ＮＰＯ法人環境フロンティア21　理事長　吉川　敏　孝

目次

題字＝亀川富士雄

北海道

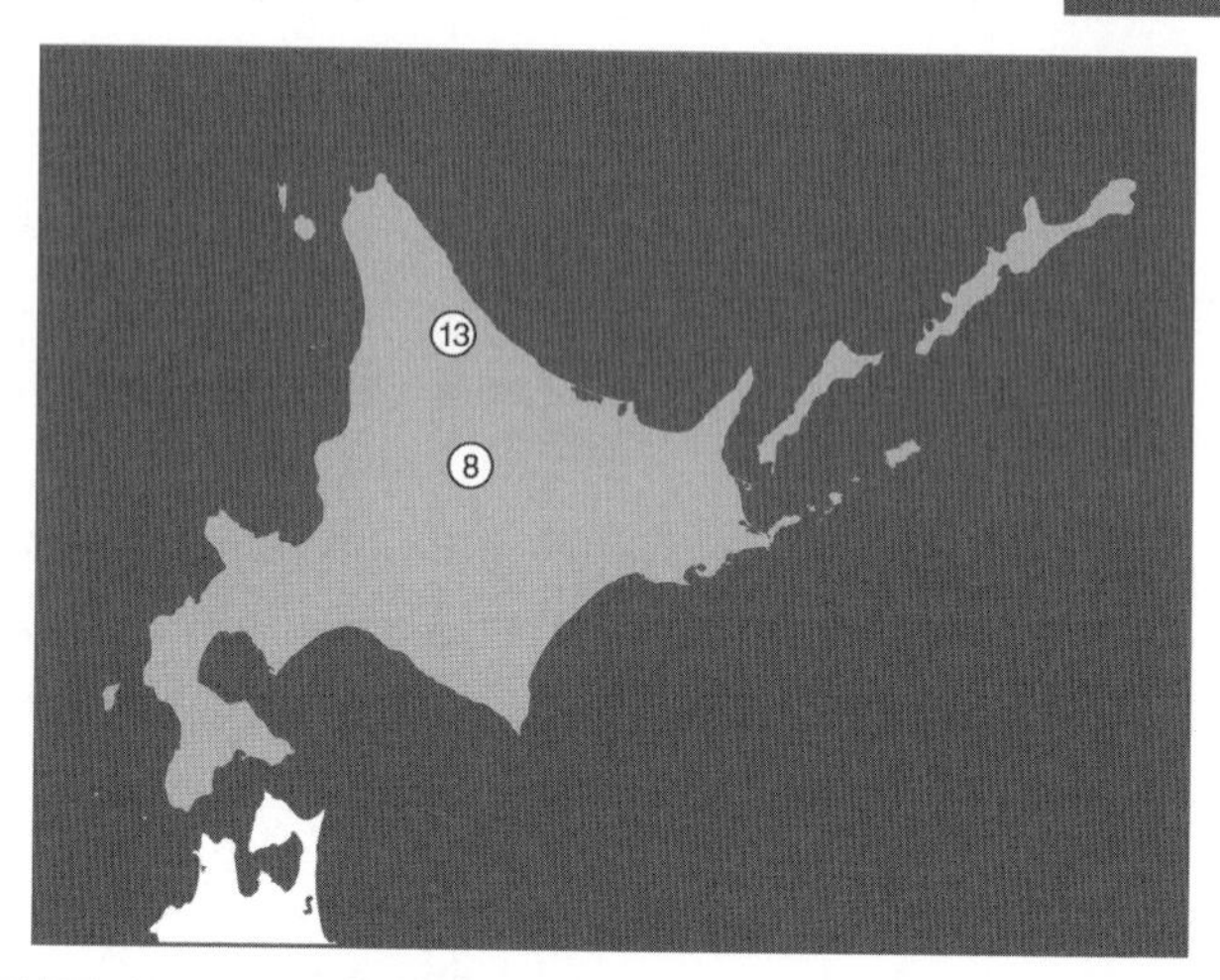

東北

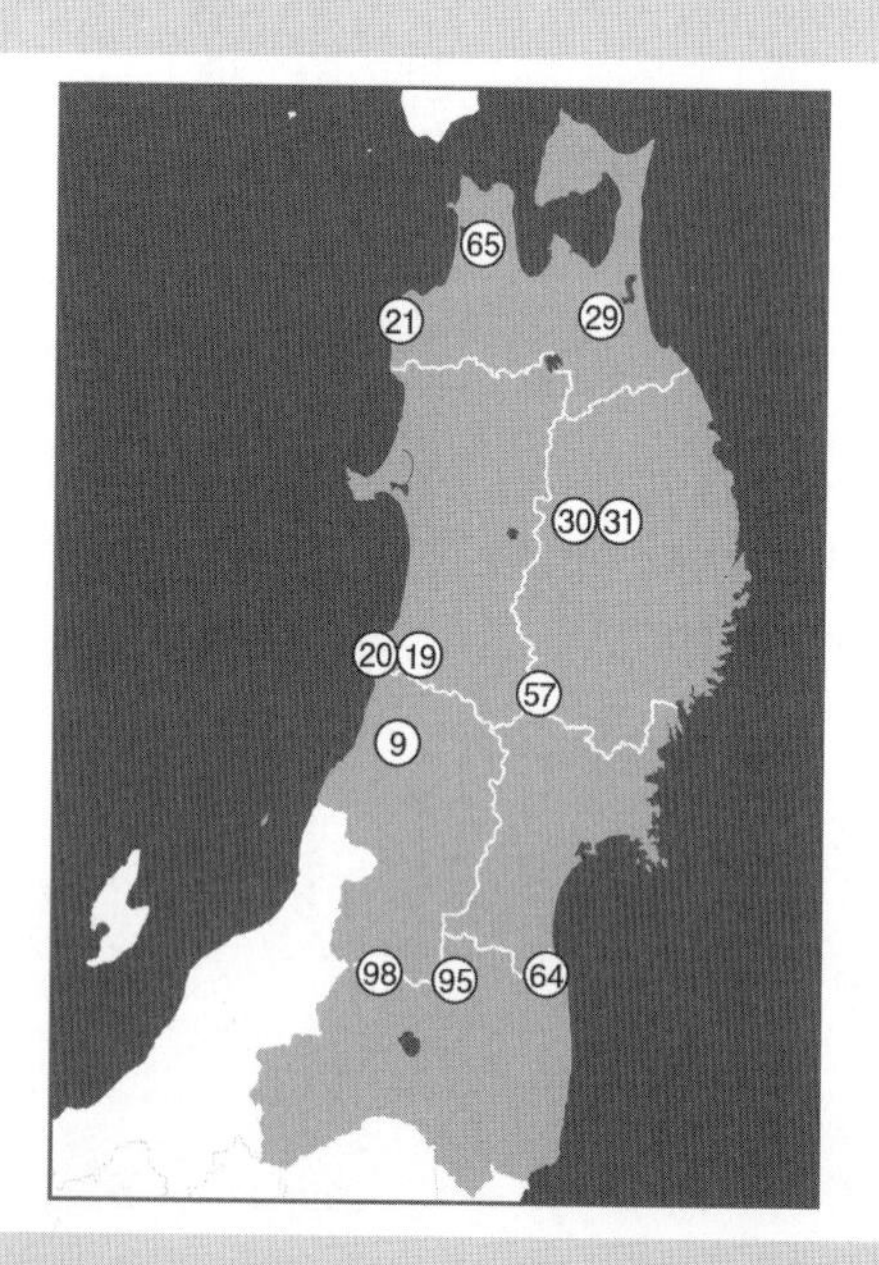

北陸

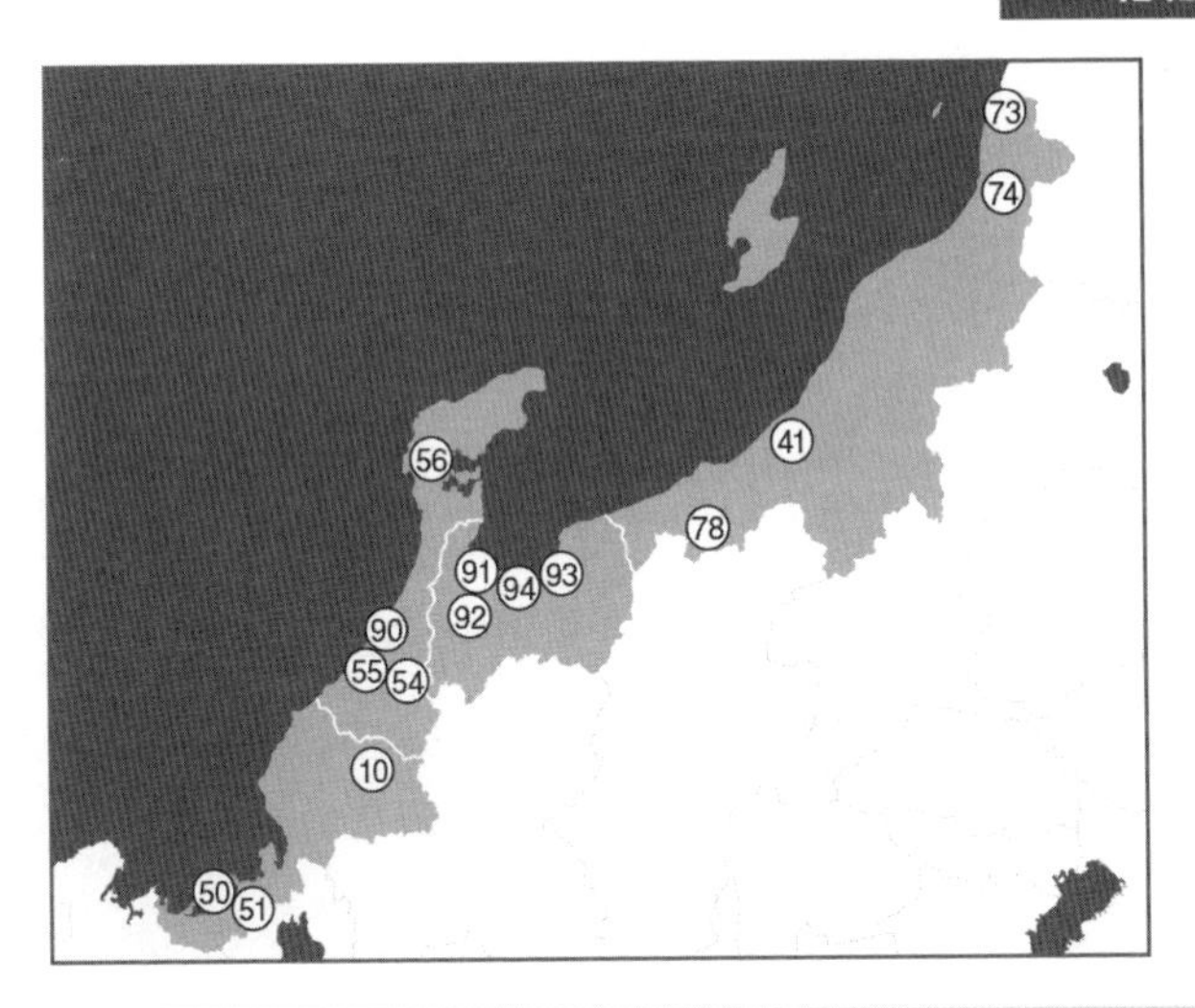

関東・甲信

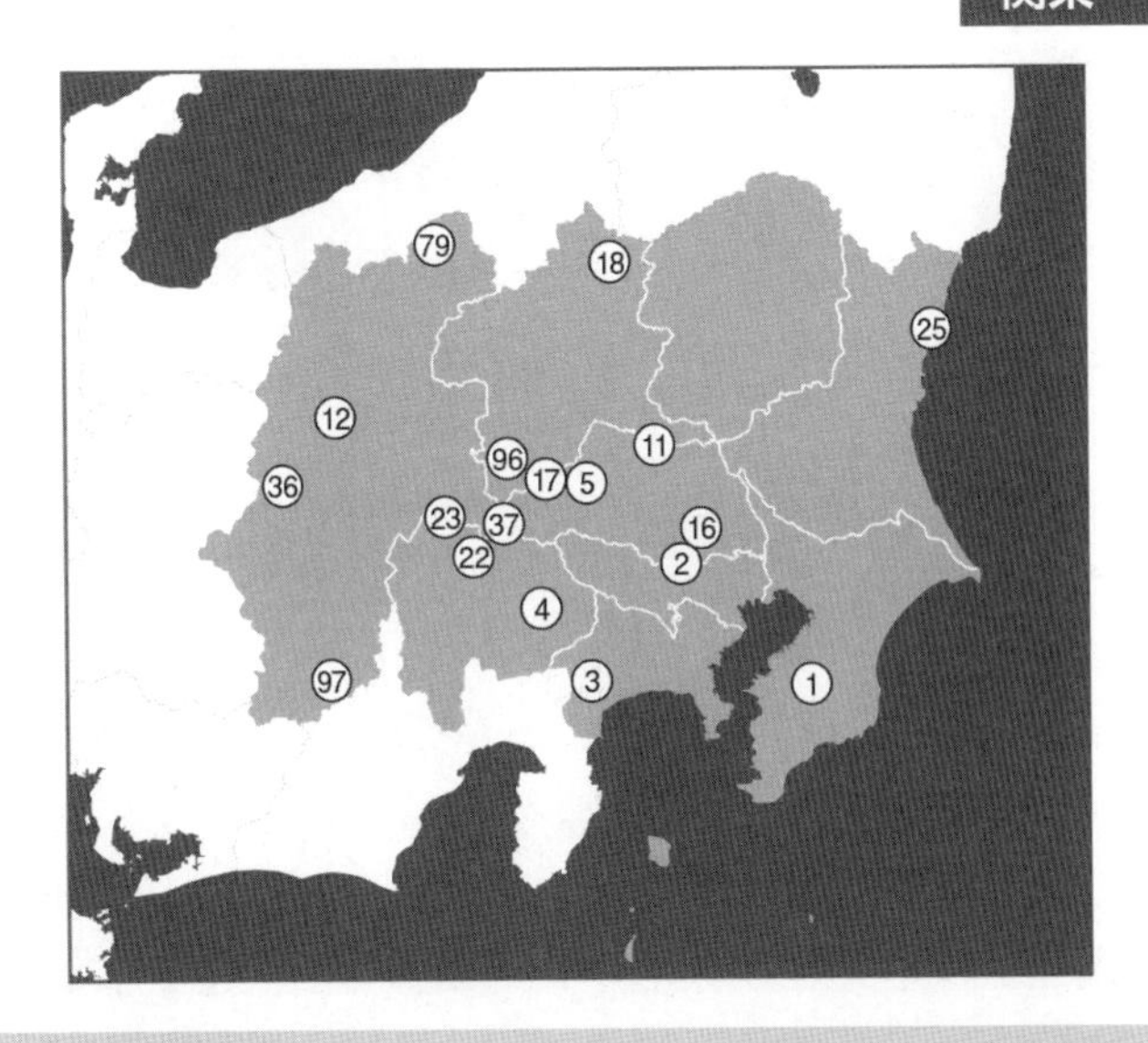

(番号は掲載回を表しています)

東海

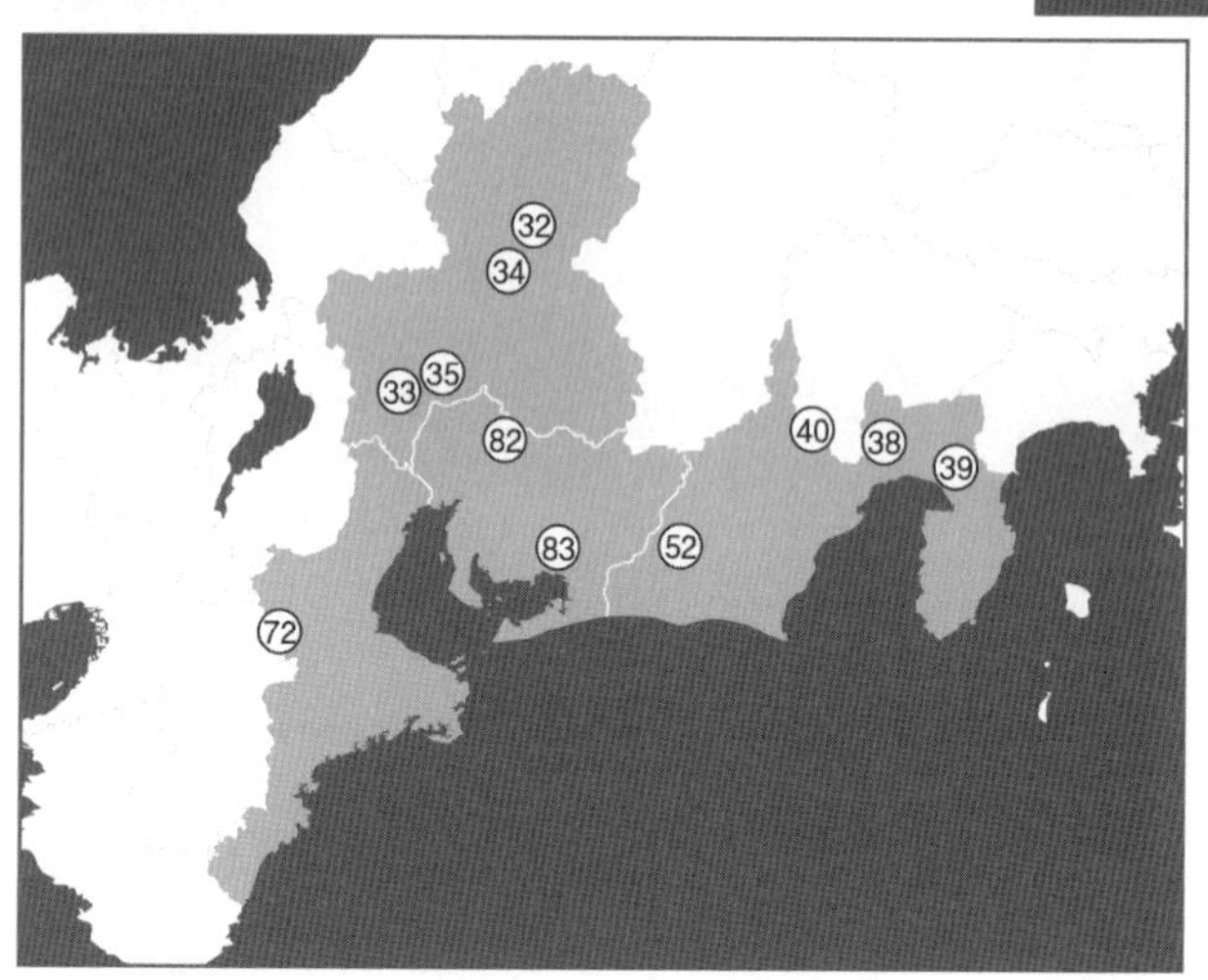

32
34
35
33
82
83
72
52
40
38
39

近畿

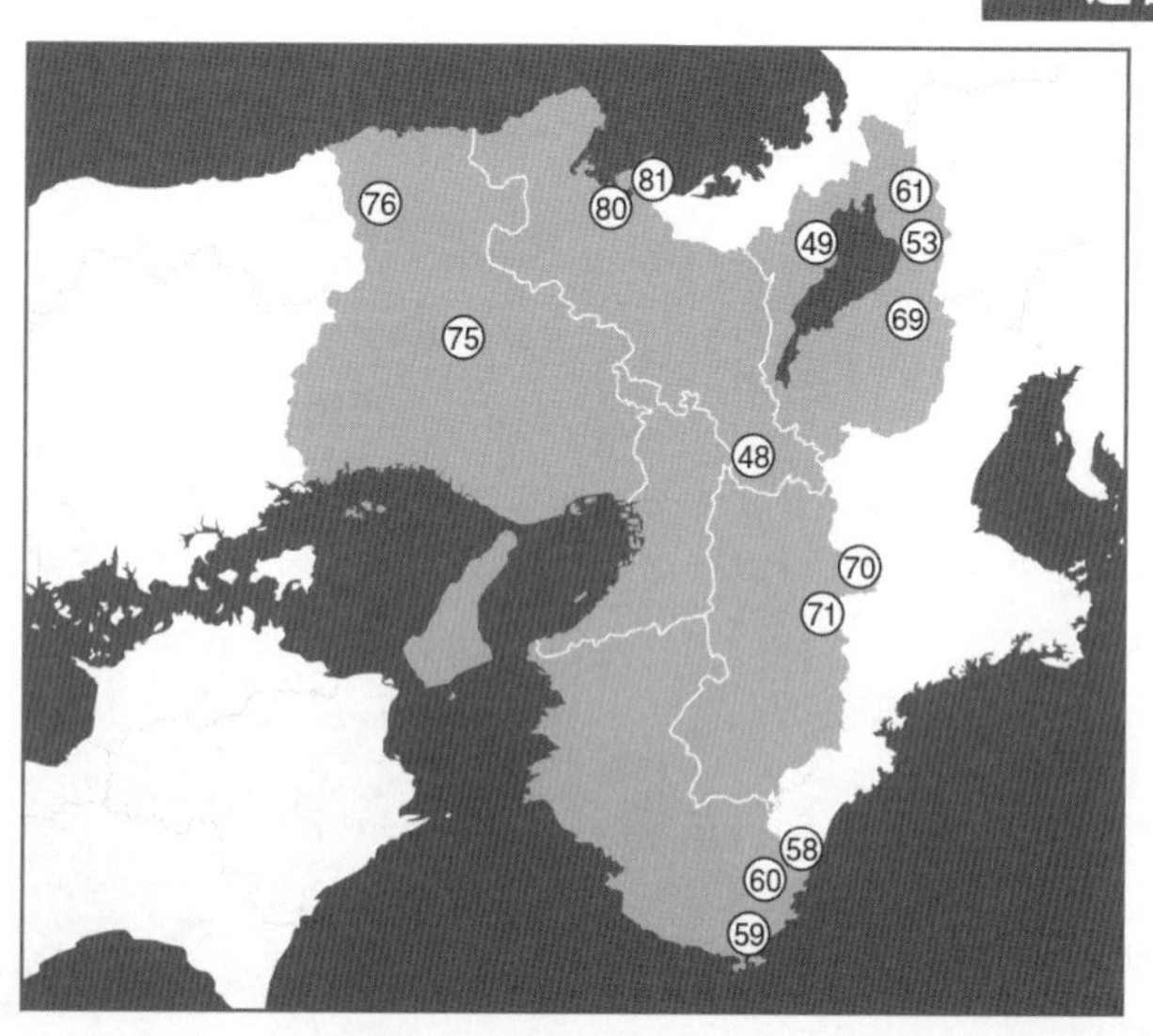

81
80
76
75
61
49
53
69
48
70
71
58
60
59

中国・四国

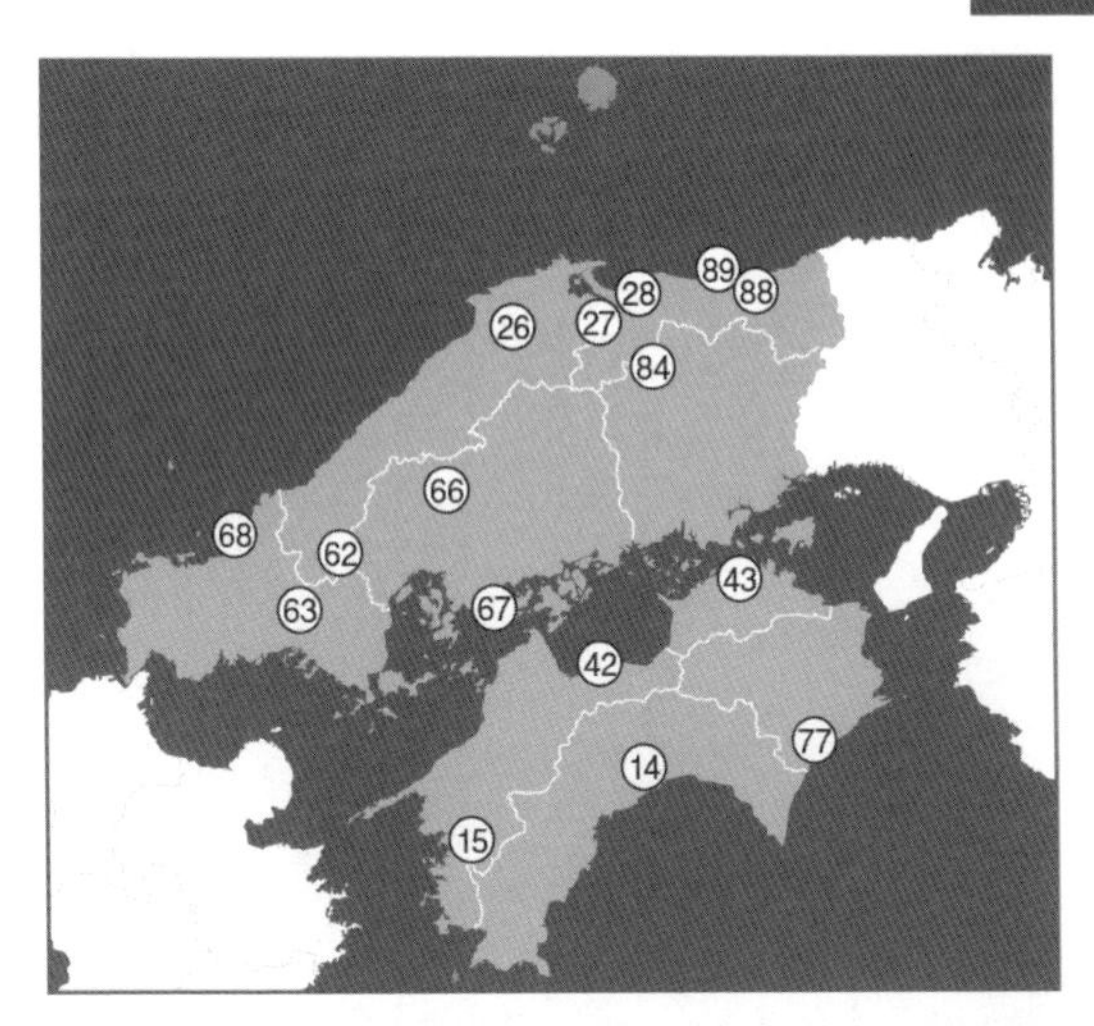

沖縄

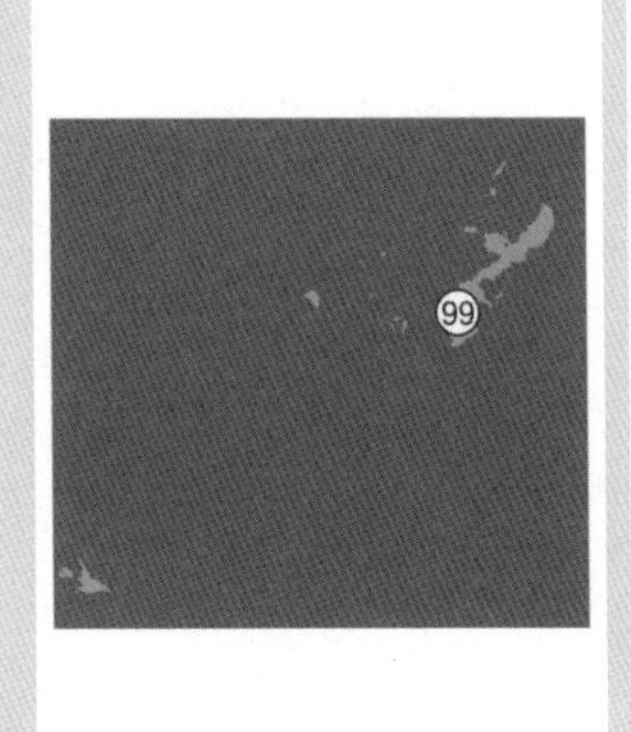

九州

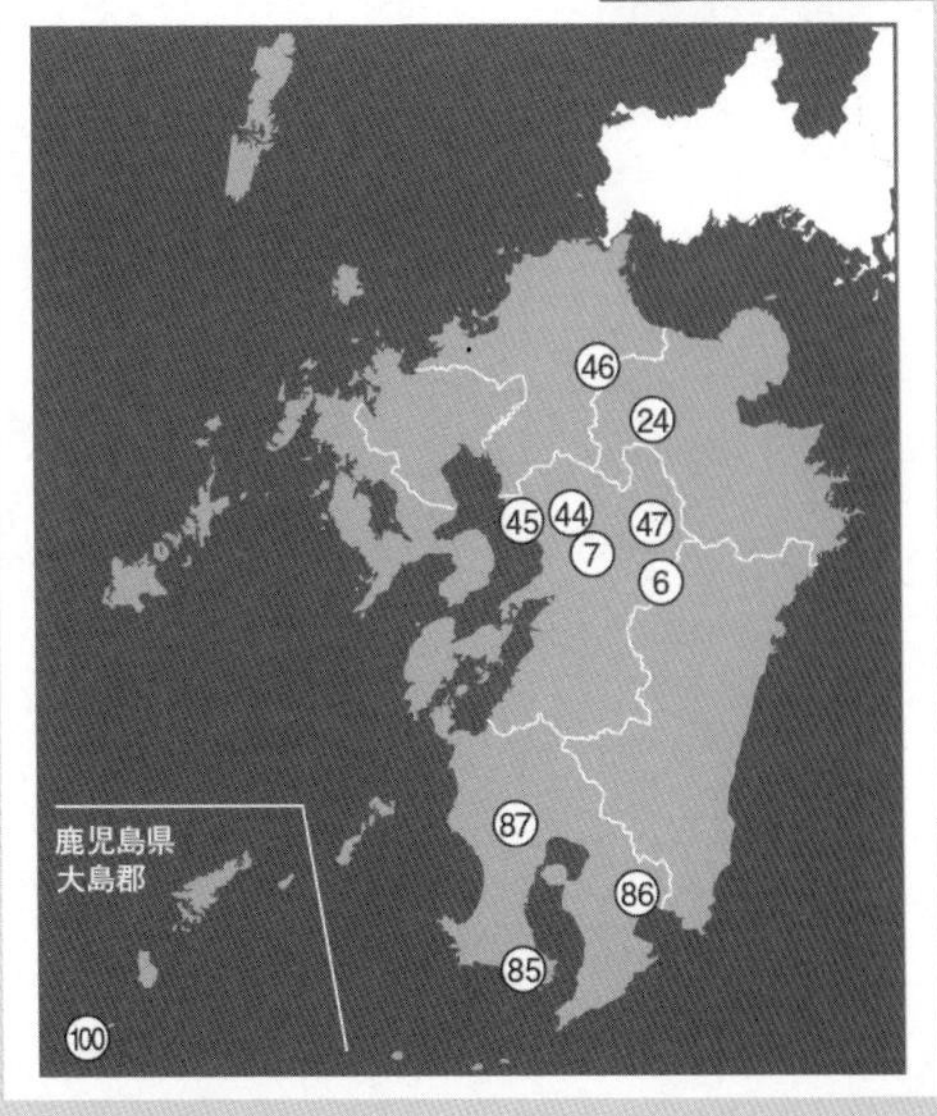

（番号は掲載回を表しています）

1 生きた水・久留里（千葉県君津市）

上総掘りの技術は海外にも

東京湾を中心とした地下には関東地下水盆と呼んでいる大きな地下水の入れ物が存在し、透水層と難透水層とが重なり合いながら数枚のお盆を積み重ねたような構造になっていることが知られている。東京湾アクアラインの建設で、海底を掘進中に海水ではなく真水が自噴したのはこのためである。久留里の地下水も、年間降水量2千数百㎜の雨水が清澄山系の森林に貯えられ、砂の地層をゆっくりゆっくりと悠久の時（1500〜3000年）を経て流れていくうちに浄化され、鉱物成分の溶出もあり、土壌菌を含んだおいしい水として関東地下水盆へ貯留されていく。久留里は被圧帯水層が3層から成り立ち、深いものは約5〜600m、浅いところでも約100mの井戸より自噴している。

久留里駅周辺には、自由に水汲みのできる8カ所の自噴井が点在し、水汲み場の看板には、この水は抗菌性を持つ土壌菌群を豊かに含んだ「生きた」水であることが書かれている。水温は約16℃、pH値は約8・5、軟水、ORP（酸化還元電位）値は筆者の測定では＋120㎷（一般の水道水は＋4〜＋700㎷）である。

君津地域の上水道は、君津広域水道企業団および鹿野山（かのうざん）水道からの受水を主な水源とし、市内の38本の井戸水（うち久留里は1本）を含めておいしい水を供給している。

久留里の井戸は上総掘りで掘られたものである。上総掘りは竹ヒゴ付鉄管掘りの考案により明治年間に完成、日本全国にその技術が紹介されて天然ガスや温泉水のボーリングに大活躍をしてきた。今では国の重要無形民俗文化財（民族技術分野）に指定され、その技術は海を渡って水飢饉（ききん）に悩むアジア、アフリカなどに貢献している。

上総掘り用具と水道木管

久留里の井戸の修理や掃除は江戸時代から藩を挙げて行ってきており、その水を大切に思う気持ちは現在まで脈々と引き継がれ、商店組合および自治会によってその努力が続けられている。

久留里の雨城庵の井戸

地元有志による町おこしの一環として、各種NPO法人や無農薬で芋を育てオリジナルな焼酎作りで「酒造り久留里」を目指す計画等も進んでいる。

【アクセス】
鉄道：JR久留里線「久留里駅」下車→徒歩5分
または、バス：東京湾アクアライン高速バス（東京駅八重洲口側乗車）「久留里駅」下車→徒歩5分

平成21（2009）年4月23日付掲載

2 落合川と南沢湧水群（東京都東久留米市）

絶滅危惧種ホトケドジョウも

絶滅危惧種ホトケドジョウの保全活動に取り組む写真家高橋喜代治氏の案内で落合川を遡る。毘沙門橋を渡るとそこは昭和60（1985）年に緑地保全に指定された南沢地区である。そして数カ所の湧水群を持つ「沢頭」の水源地がある。古代より湧水守護神として奉祀されている氷川神社をさらに進むと、フェンスで囲まれた東京都の南沢給水所が目に入ってくる。この給水所は昭和37（1962）年12月に完成し、現在は豊富な湧水を背景に、4本の井戸（最深300m〜最浅15m）から汲み上げる水量は約2000㎥。東村山浄水場からの補給水をブレンドして1万4800㎥を市内に配水している。

こぶし橋を渡ったところで、カメラをセットし清流の宝石といわれるカワセミを観察しているグループに出会った。ちょうど雄雌それぞれ2羽ずつが求愛行動をしているところで、その姿をとらえようと寒い中1日中シャッターチャンスを狙って頑張っていた。さらに遡っていくと、護岸はコンクリートで整備され、法面に水抜き口や排水溝らしきものが散見されたが、その多くは湧水の流出口であるとの説明を受ける。地蔵橋まで遡ると広い河川敷が目に入ってきた。この地

カワセミも集う都会のオアシス

帯はカワセミが雛(ひな)を育て、川には絶滅危惧種ホトケドジョウやナガエミクリ（水草）が生息し、日量約３０００〜５０００ｔの湧水（約７カ所）がある場所であったという。改修工事の際それの影響を最小限にとどめようと、本格工事前に子供を含めた市民が約１５００匹すべてを捕え下流へ放流し、絶滅を防ぐ対策を取ったそうで、ぜひその結果を見守りたい。また、カワセミが営巣し雛が無事に育つようにと、対岸に設置された3個の小さな穴（カワセミブロック）のあるブロックが目にとまった。昨年無事雛が巣立ったそうである。

落合川は、河川の底や湧水排水口から湧水が湧き出て、短い区間で相当の水量になっている。緑の水草が茂り、鳥の種類も多く、カモ・サギ・セキレイ・カワセミ等の姿を見つけることができた。
　人口増加で都市化が進み、生活排水の一部が河川に流出し、自然の環境が蝕まれていくという悪環境の中、多くの市民が立ち上がり、未来の世代にこの自然を残そうとする想いが伝わってきた。

【アクセス】
鉄道：西武池袋線「東久留米駅」下車↓徒歩5〜60分

平成21（2009）年5月25日付掲載

落合川と黒目川合流地点

湧水豊か・清左衛門地獄池（神奈川県南足柄市）

地元と企業で守る水の恵み

手入れの行き届いた境内は静かな佇まいを見せている。神仏混淆であろう。観池山弁財寺と狩野厳島神社が隣接する。神社側の鳥居をくぐると短い参道を挟んで2つの池がある。弁財寺池とも呼ばれる清左衛門地獄池だ。

池の底の数カ所から地下水が自噴している様子が、澄んだ水を通して窺える。自噴箇所付近だけが湧水で白く洗われ、池の確かな息遣いが聞こえてくるようだ。ポンプで汲み上げられた水はさらに隣接する弁財寺の背後を回り、幸運の滝となって流れ落ちている。

湧水は水路を通じ灌漑や生活用水として利用されてきた。かつてほとんどの家に湧水井戸があったほどで一帯は水に恵まれていた。

資料によれば、1日当たりの湧水量は1万3000t。pHは社殿に向かって左側の大池で8・46だ。水温は年間を通して14・5～16℃。塩素、マグネシウムなどの含有も水道水の基準上限値をはるかに下回る。硬度53・7の軟水だ。

この水質に着目したのが、大日本セルロイド㈱だ。写真フィルムの国産化を目指す同社は、製

厳島神社へ向かって左側の大池。自噴する様子が窺える

造に不可欠な豊富で良質な水を求め、最適地として当時の南足柄村に白羽の矢を立てた。昭和９（１９３４）年には同社写真フィルム部が独立、富士写真フィルム㈱が設立される。

南足柄市のその後の歴史は同社抜きには語れない。戦後の爆発的な需要の高まりで、工場が次々と増設された。一時は８０００人以上が働き、市の財政への寄与も40億円に上ったといわれる。池には同社の第２水源の看板、背後には適地を求めて全国を歩き、のちに同社社長となる春木榮氏が湧水に敬意を表して揮毫（きごう）した「水神」の碑が立つ。

この湧水が同社にとっていかに重要であったかを物語ってもいる。それだけに、地元との共生には最大限の配慮をしてきた。水利組合への手厚い水道補償料の支払い、用水路の整備補修など地元への協力は今でも欠かさない。

一方、住民による活動も盛んだ。ボランティアグループの豊水会は境内脇を流れる滝の沢水路でホタルを放ち、散策路を整備する。狩野老人会は花を育て定期的に掃除に精を出す。弁財寺と厳島神社の委員会も境内の維持管理と手入れに怠りない。

地域住民と地元に根付いた企業がこれからも豊かな湧水を守っていくはずだ。

【アクセス】

鉄道：伊豆箱根鉄道大雄山線「富士フィルム前駅」または「大雄山駅」下車→徒歩約15分

平成21（2009）年6月29日付掲載

清左衛門地獄池を見おろす

4 富士の霊水・十日市場夏狩湧水群（山梨県都留市）

芭蕉が詠んだ水のふるさと

甲斐の国山梨県東部に位置する都留市は、四囲を21の秀峰に囲まれ西南の彼方には富士山がそびえ立つ、自然に恵まれた都市である。ここの市役所の前にのんびりと水車が廻っていた。どこにでもある観光用の水車かなと思ったら、とんでもない。水力を利用して発電をし、市役所の電力の一部を賄っている。ＮＥＤＯ（新エネルギー・産業開発機構）の認可と補助金を受け、市民参加型の〝つるのおんがえし債〟を活用して設置された発電機である。〝元気くん1号〟という愛称で、今では国内外から見学客が絶えない。しかもこの川は、家中川といって江戸時代に生活用水、農業用水として開拓された人工の水路である。昔から当地では〝定式〟と呼ばれる住民参加の水路の清掃があたりまえとなっていたが、その慣わしは今でも続いていて、この発電機が平成18（２００６）年に稼働してからさらにごみの量が減ったそうだ。環境問題に対する市民の意識の高さが窺える。

ところで、松尾芭蕉は深川の草庵が大火に遭い路頭に迷った時、当地の城代家老で俳句の門下であった高山傳右衛門（俳号＝糜塒）を頼って当地に5カ月間滞在した。写真説明にある句は、

田原の滝「勢（きお）ひあり　氷り消えては　瀧津魚」

家中川の源流である桂川の「田原の滝」で詠んだものである。両岸が直立した柱状節理の岩に囲まれ、長さ50ｍのところを3段にわたって瀑布が怒涛のように流れ落ちている様は圧巻だ。

ここから車1台やっと通れる細い道をいくと永寿院というお寺がある。十日市場湧水群の象徴だ。山号は水源山、18代住職の姓は水庭、いかにも湧水の寺にふさわしい。寺を囲む岩肌から岩清水が湧き出している。口に含むと柔らかくてうまい。都留の湧水群は富士山の噴火により流れ出た溶岩の礫層を透して絶えることなく湧いている。

一方、永寿院から西へ約2㎞いくと、夏狩湧水群の象徴である「太郎・次郎の滝」がある。一般道からけもの道の雑草をかきわけながら5分ほど歩く。途中立派なアオダイショウとサワガニの歓迎を受ける。「田原の滝」とは趣きが異なり、断崖から一直線に水がしたたり落ちている。30～50ｍの高さから１５０ｍにもわたり、条々としぶきが岩肌を走る様は実に神々しい。滝の水を集めて清流がさらさらと流れ、まるで太古の昔に戻ったような空間だ。

都留市はまさに水の都だ。これらの湧水は通年水温12～13℃を保ち、当地特有の水掛菜（みずかけな）、山わさびが栽培され、養魚場も点在する。川、滝、渓、水路、湧水池など市内至るところに様々な水の原風景が広がり、その意味でも水のふるさとといっても過言ではない。芭蕉の孤独な心もさぞかし癒されたことだろう、と想像される。

【アクセス】
鉄道：富士急行線「十日市場駅」下車↓徒歩５分（十日市場湧水群）
鉄道：富士急行線「東桂駅」下車↓徒歩15分（夏狩湧水群）

平成21（２００９）年７月30日付掲載

水源山永寿院、石仏のある池

5 霊験あらたか・武甲山伏流水（埼玉県秩父市）

歴史育む妙見七つ井戸

西武池袋線が単線に変わる頃、車窓には緑の木々が迫ってくる。秩父市に入ると左側前方に霊山武甲山が現われてきた。そこから流れ出る伏流水は豊かな秩父の歴史をつくってきた。そして未来を創造するシンボル的な存在でもある。

秩父の市街地は4つの段丘で形成されている。そこから豊富な水量とおいしい武甲山伏流水が湧き出ている。造り酒屋や織物工場はこの水に育まれながら、町の発展に寄与してきた。造り酒屋「武甲酒造」もその中のひとつである。営業時間内には中庭にある武甲山伏流水が湧き出る井戸を開放している。これを目当てに近くの市民やそば屋も容器持参で立ち寄り、自由に持ち帰っている。つるべ付の内井戸は災害時の防災指定井戸にもなっている。阪神・淡路大震災の際、灘地区の造り酒屋の地下水が飲料水として役に立ったことからヒントを得たとのことである。

浄水場は橋立と別所にあるが、その中でも橋立浄水場は県下で最も古く、河川表流水をろ過・滅菌している。ここは石灰岩が多いにもかかわらず水道水の硬度は50前後の軟水である。

ＮＰＯ法人ちちぶまちづくり工房の山口智喜氏の案内で、妙見の7つの井戸や妙見宮の伝説の地「臼窪・音窪」などを訪ねる。名水百選の中核をなす「妙見七つ井戸」は、妙見大菩薩（女神）が秩父の総社である秩父神社（男神）に合祀された際に、秩父神社まで7つの井戸（湧水）を渡っていったとされる言い伝えを持つ。

三の井戸と四の井戸との間には関根家所有の妙見塚「秩父市指定有形民族文化財」がある。関根トキ江氏の話によると、妙見塚から始まる秩父夜祭をユネスコの無形文化遺産に向けて登録準備を進めているのだという。自宅の脇を流れている湧水は清浄そのもので、シジミ貝の姿を見ることができた。三の井戸はかすかに水が残る程度で、一の井戸と二の井戸は残念ながら湧水は認められなかった。四の井戸から六の井戸まではカワニナなども生息し自然がまだ残っている。生活用井戸としても利用されている。六の井戸では所有者の島嵜清氏の案内を受けた。井戸は庭の中にあり現在でも豊富な湧水が

三の井戸と四の井戸との間にある妙見塚

「妙見七つ井戸」の六の井戸より武甲山を仰ぎ見る

見られ飲料水や野菜の洗い場として使われている。池には菖蒲（しょうぶ）が咲きコイも元気に泳いでいた。七の井戸は、かつて豊富な湧水で、染め糸のすすぎなどに使われていたという。

武甲山伏流水が湧き出る秩父最古の泉「龍神池」は今宮神社にある。今もその水は神事や水田の用水に使われている。秩父の町の歴史をつくってきた武甲山伏流水の井戸や、町の中心部を通り秩父神社へと流れていた地蔵川などを、ぜひ復活させ後世に残してもらいたい。

【アクセス】

鉄道：西武池袋線「西武秩父駅」下車→全行程徒歩約2～3時間

平成21（2009）年8月27日付掲載

4億年の雫・妙見神水（宮崎県西臼杵郡五ヶ瀬町）

日本列島最古の大地に湧く

授乳の神水という、いささかユニークな名の湧水がある。

4億3000万年前ともいわれる日本列島最古の化石が出土し「九州島発祥の地」とされている熊本県境に近い祇園山（標高1307m）の山麓に、水神様を祀る妙見神社が建立されている。社殿へと続く急な階段を下りると右手に湧水池があり、石灰岩洞窟からは透明度の高い水が静かに湧き出している。4億年の雫・妙見神水である。澄み切った池底は赤い珪藻で覆われ、多くのカワニナを見ることができる。「妙見さんの水」として親しまれている名水だ。また、古くから「授乳の神水」ともいわれ、妊婦がこの水を飲むと丈夫な子を授かり、母乳の少ない人が飲むと乳がよく出ると伝えられる。

湧水量は毎分10㎥、水温は年間を通して13℃前後と冷たい。水質はpH7・5程度で弱アルカリ性、ORP（酸化還元電位）値は80〜90㎷と小さな値を示している。硬度も66の軟水である。境内には水汲み場が設けられ、県外からも多くの人が訪れている。湧水は、湧水池を出たところで分水され、一方は落差のある滑滝を流れ落ち、五ヶ瀬川へと注いでいる。

祇園湧水米を生み出す棚田

この湧水で育まれたヤマメを求め、五ヶ瀬川の清冽（せいれつ）な流れに多くの釣り人がやってくる。他方はコンクリートで防護された用水路を1・4㎞に渡って斜面を下り、日蔭地区の棚田19haを潤している。祇園山を背景に広がるこの棚田は、1枚の面積が大きく独特の景観をなしており、日本の棚田百選にも選ばれている。妙見神水を水源とする日蔭用水の歴史は古く、生活用水や水田用として引かれ、生活を支える水として守られてもきた。この神水の恵みを受けた棚田米は「祇園湧水米・4億年の大地」と名付けられた銘柄米として生産されている。

また、妙見神社を少し下ったところでは、地下170mからミネラルを豊富に含んだ水が汲み上げられ、名水「日向天照水」として人気を集めている。さらには、そば焼酎で知られる雲海酒造工場でも五ヶ瀬の地層から湧き出る岩清水が仕込みや割り水に使用されている。生活用

日本列島最古の大地に湧く妙見神水

水から農業用水、水が命の酒造りまで、名水指定の鍵となった手厚い保全活動が続く限り、4億年の大地から湧く生きた水は、観光や農業の貴重な資源としてこれからも地域住民の守り神となり、地域文化とともに後世に伝えられるであろう。

【アクセス】
車：国道218号線を車で五ヶ瀬町、馬見原から国道265号線に入り10分。鞍岡・祇園町交差点を左折し五ヶ瀬川を渡り、町道大石線を約5分

平成21（2009）年9月21日付掲載

7 水辺の郷・六嘉湧水群浮島（熊本県上益城郡嘉島町）

豊かな心を育む水の郷

熊本市の南部に位置する嘉島町は、熊本平野に広がる豊かな水郷の町である。六嘉湧水群は熊本平野の南東の三船山地などから湧き出る地下水から供給されている。平野低地部の地下の地層は、地下水を貯留しやすい阿蘇火砕流堆積物や砂礫層が広く分布し、地下水水盆を形成している。町内には清水をたたえる湧水群が13カ所点在し、一大湧水群を形成している。各家庭は井戸水利用率がなんと１００％。蛇口に口をつけ喉を潤すわんぱくな子供たちの元気な笑い声が今にも聞こえてきそうだ。

湧水に設けられた洗い場は洗濯や食器の洗い物などの生活用水として、また、町民のふれあいの場として、地域の人々に大切に守られている。湧水群がいかに町民の生活に密着しているかが、容易に想像できる。そんな光景をあちらこちらで目にする。

中でも、湧水群の東北の一角を占める通称「浮島さん」と呼ばれる2・5haの湧水池の湧水量は、ここだけで1日15万㎥と豊富だ。水温は年間を通して18℃を保っており、コイ、フナ、ウナギ、ハエ、エビと魚種も多く、年間を通して釣り人で賑わっている。また、冬にはカモなどの水

矢形川のほとり

鳥も飛来し、人々の憩いの場として親しまれている。島の東側に祀られた浮島熊野神社はまるで湖面に浮かぶ竜宮城のようだ。主な湧水のひとつ下六嘉（しもろっか）の入り口にある「水神さん」の脇の階段を下りると、澄み切った水が湧き出し平藻がきれいに揺らいでいた。水に手をしばらく浸けておくと冷たさでしびれるくらいだ。水はそのまま船が浮かぶ矢形川（やかたがわ）に流れ出ている。古くから台風や大雨など天候の変化を、そこに浮かぶ船の向きで判断してきたという。水からの恩恵と人間の知恵が融合していることにも驚かされる。川辺では真っ黒に日焼けした子供たちが〝アブラメ〟という魚と戯れながら楽しそうに泳いでいた。昔はどこでも見慣れた光景が新鮮であり印象的だった。

　矢形川の旧河川をそのまま使った「湧水

プール」では、夕方6時近くにもかかわらず、仕事を終えた大人や多くの子供たちが水しぶきを上げていた。ローマオリンピック銅メダリストの田中聡子選手の原点が、この「湧水プール」だったというのも懐かしい驚きだった。

嘉島町は今年(※)11月10日に東京で開催される「地下水保全市町村サミット」に参加し、天然の地下水で生活できるという誇りと豊かさや、飲用できる地下水の希少価値を説き、「水との共生の尊さ」を全国に発信することになっている。

【アクセス】
バス：熊本交通センター（御船、甲佐およびイオンモール熊本クレア（県庁・健軍経由）行き）「下六嘉」下車→徒歩3分

※平成21（2009）年10月22日付掲載

浮島

8 北海道の屋根・大雪旭岳源水（北海道上川郡東川町）

爽快!!大雪山を丸ごと飲む

北海道の屋根大雪山連峰。その中で最も高くそびえるのが旭岳である。冬は厚く雪に覆われ、その雪解け水が大地にしみ込み何十年、何百年ともいわれる年月を重ねて、こんこんと湧き出ているのが大雪旭岳源水だ。

麓の東川町はこの湧水を利用して町おこしに取り組んできた。町民の生活用水は大雪山の湧水に頼っている。しかし、この貴重な湧水も昭和60（1985）年代の中別ダム建設計画で集落の移転が始まり、一帯が無人状態になるにつれ、忘れられていった。それが平成16（2004）年の町長交代を機に、豊かな地下水が見直される。

町は湧き出る良質な水とその一帯を町のシンボルにしようと、道有林の4haを買い取り、公園として整備した。湧水に隣接する石狩川流域には樹木300万本が植樹され、「源水」を守る運動の指定地の一部となっている。植樹されているのはこの地に自生するなかまどなど10種類で、種子を採取して、地元の小学生が苗に育て植樹している。

町内には3200本の井戸がある。地下水は硬度126の中硬水で、カルシウムとマグネシウ

大雪旭岳源水

ムの比率は2対1。健康には最適な水質ともいわれている。今年(※)、上川盆地の1市8町で初出荷した新道産米ブランド「ゆめぴりか」も、大雪山の源水の恩恵を受けたものだ。

「大雪旭岳源水」の人気も高く、日に100台以上の車で賑わっている。駐車場から源泉までの300ｍの歩道は南洋材を使ったしっかりした木道となっており、ハイヒールでも散策可能なほど足場が良い。歩道に沿った流れには水面が乱れるほどのイワナが泳ぐ様子も見られる。かつてわさび田として使われていたこともあり、所どころわさびが自生していた。訪れた時の水温は約5℃で手を浸けるとすぐにしびれてくるほどの冷たさ、水温が低いため川面にうっすらと湯気が立っていた。

源泉から豊かに湧き出る水はたとえようがないほどおいしく冷たい。湧水口のすぐ上が旭岳山頂に続く山道になっており、まさに大雪山か

源泉から豊かに湧き出る水

らの伏流水を直接口にしていることになる。大雪山を丸ごと飲んでいる感じがした。

地下水に誇りを持ち自然との共生を町是とする東川町は、熊本県の嘉島町、福島県の川内村とともに、11月10日（いい井戸の日）に東京で開催される「地下水サミット」の呼び掛け人となっている。これには全国11自治体が参加する予定だ。

【アクセス】
鉄道：ＪＲ函館本線「旭川駅」下車→バス：旭川電気軌道バス（いで湯号）「公園入り口」下車→徒歩15分
車：道央中央自動車道「旭川北ＩＣ」から旭岳方面へ約60分

※平成21（２００９）年11月2日付掲載

9 流れ清き立谷沢川（山形県東田川郡庄内町）

コシヒカリのルーツ亀の尾も

霊峰月山（がっさん）を源にする立谷沢川に沿って、素晴らしい自然と歴史が共存する全長20㎞の「月の沢龍神街道」がある。

立谷沢川が最上川に合流する清川は「最上川舟運」で賑わった水運駅で、出羽三山への多くの参詣者とともに松尾芭蕉や源義経も訪れている。芭蕉は元禄2（1689）年、新庄から最上川を船で下る途中、あの有名な句「五月雨をあつめて早し最上川」を詠んだとされ、この上陸地に句碑（くひ）が建てられている。その裏手にまわると戊辰戦争の古戦場となった御殿林があり、昼なお暗き森をとどめている。明治23（1890）年にこの地を訪れた正岡子規の「蜩の二十五年も昔かな」の句碑がある。この一角には清河八郎神社とその記念館がある。「維新回天偉業の魁（さきがけ）」と称された清河八郎はこの清川に生まれ、江戸に出て幕末の動乱期を過ごした。

街道を上流に少し遡ると、道を横切る疏水百選・北楯大堰（きただておおぜき）が現れる。疏水の流れは速く水量が豊富で、庄内平野の水田を潤し庄内米への恵みをもたらしている。疏水沿いを下ると清河八郎の墓がある歓喜寺、その下手隣には源義経らが平泉へ向かう途中、一夜を明かしたとされる御諸皇子（ごしょのおうじ）

清流立谷沢川源流

神社がある。社殿へと続く素朴な石段は苔(こけ)むし、いかにも那由多(なゆた)の時の流れを感じさせる佇まいである。

　再び街道に戻り、ほどなくすると熊谷神社がある。鳥居をくぐると左手に「亀の尾発祥の地」と「水稲品種亀の尾由来」の記念碑がある。「コシヒカリ」や「つや姫」のルーツ「亀の尾」の原種は、豊かな水と自然の恵みあるこの流域で、阿部亀治が発見した。それが培養され、東北から北陸、遠くは朝鮮半島まで広く普及していった。さらに上流部にはイワナの養殖施設や、湧水を精密ろ過・熱処理滅菌して「ブナの水音」として販売しているＪＡ庄内の製造工場がある。硬度は30の軟水、ｐＨ７・０でほのかに甘くうまい。月の沢龍神街道の終点には、単純酸性冷鉱泉（ｐＨ２・９）で炭酸ガスを多く含み疲労を癒す効果があるという月の沢温泉がある。

立谷沢川の清流と自然を取り戻すための活動を実践している、瀬場集落の佐藤建設㈱の佐藤邦夫社長から熱い思いを聞くことができた。流木を集め、昔からの炭焼き釜で炭を焼き、老人ホームに燃料や消臭材として寄贈したり、カジカやカワニナの放流、枝葉のチップでカブトムシの幼虫を育てるなど地道な活動を続けている。

歴史を育み、コシヒカリの故郷でもある「立谷沢川流域」の流れ清き名水を、いつまでも大切にしてもらいたい。

【アクセス】
鉄道：ＪＲ羽越本線「鶴岡駅」から「余目（あまるめ）駅」乗り換え↓ＪＲ羽越西線「清川駅」下車↓徒歩10分

平成21（２００９）年12月17日付掲載

芭蕉句碑

10 イトヨの里・本願清水（福井県大野市）

イトヨから水環境を考える

郷土の宝イトヨとともに生きる大野市は、大野盆地の古い時代に断層によって落ち込んだ凹地に、九頭竜川、真名川、清滝川、赤根川の4本の大きな川からの地下水が流れ込んでできた「地下ダム型帯水盆」と呼ばれる構造上にある。昭和30年代までは市内の至るところから豊富な水が湧いていたが、都市化による水の需要と供給のバランスが崩れ、季節によって涸れる井戸もでてきた。市内にある14カ所の地下水位観測井のうち、基準観測井を1カ所設け、一定の水位が下がると市民に節水を呼び掛けている。

本願清水は昭和9（1934）年イトヨが生息する日本の南限であることから、国の天然記念物に指定された。越前大野城を築いた金森長近公の時代に、そこを水源池とし城下町の中央に水路を設け、庶民の生活用水として使われてきた。本願清水は、昭和40（1965）年半ば頃までは至るところで湧水が地底からぼこぼこと湧いていたが、時代が進むにつれ湧水量が著しく減少し、イトヨが生息する水質等の環境条件を十分に保全することができない状態が続いた。このため、平成10（1998）年度から3カ年かけて、水の浸透防止や揚水設備等を設置し、学習・研究施設「本願清水イトヨの里」を建設した。館内の展示パネルの下壁には、平成12（2000）年市内の小学3・4年生全員がそれぞれイトヨを描き、それを陶芸グループが仕上げた陶板タイル約760枚が貼ってあった。小学生の学習の一環として、3年生は「イトヨ博士になろう」、4年生は「大野の水調査隊」をテーマに、1年かけてイトヨの生態等を勉強し発表会を行っている小学校もある。ガラス越しにイトヨの棲（す）む水中の世界をのぞくことができる。小学校低学年のイトヨ博士3名がそばに寄ってきてイトヨの説明をしてくれた。産卵期になると雄は口元から腹部にかけて鮮やかな紅色の婚姻色に染まる。その雄に赤色のマジックをガラス越しに見せるとその赤に反応して突進してきた。自分の縄張りに侵入してきた敵とみなし攻撃をかけてきたのだという。雄が雌のお腹をつつく求愛ダンスや孵化（ふか）した稚魚を口にくわえ自分の巣に戻す育児行動も見られた。一方、雌は産卵だけで、営巣にも育児

本願清水イトヨの里会館

湧水が湧く本願清水

にも一向に関与しない。おもしろい社会を観察できた。
水のおいしい町は食べ物もおいしい。地酒、味噌、醤油、越前そば等の発酵・醸造食品は、名水の町越前大野ならではの味。豆腐屋も10数店を超える店が味を競っている。イトヨを守ることが名水の町・大野市の水環境を守ることにつながる。

【アクセス】
鉄道：ＪＲ越美北線「越前大野駅」下車↓
バス：（ショッピングモールヴィオ行き）
「イトヨの里会館口」下車↓徒歩３分

平成22（２０１０）年1月28日付掲載

11 元荒川ムサシトミヨ生息地（埼玉県熊谷市）

元荒川に生き残った奇跡の魚

埼玉県のほぼ中央に位置する人口10万の熊谷市。その街中を流れる元荒川の水源の細い清流に、世界で唯一の希少生物ムサシトミヨなる生き物が棲む。果たしてそれは魚なのか、貝なのか、それともカニなのか？　最初から解答を出せば、それは体長3・5～6㎝、暗緑色で背ビレ、腹ビレ、尻ビレにトゲを持つ、1年で生涯を終える1年魚だった。

熊谷市久下の元荒川の水源からは、かつて日量2万ｔもの湧き水が出ていた。しかし、徐々に水量が減少したため、昭和38（1968）年からは水源に位置するムサシトミヨ保護センターが地下水1日5000ｔを汲み上げて放流し、ムサシトミヨの生息を守っている。この蛇行して流れる源流部の400ｍの区間が、平成3（1991）年に「ムサシトミヨ生息地」として、県の天然記念物に選定された。平成の名水百選に選ばれたのもこの区間である。

平成12（2000）年に生活排水の切り回し工事でこの区間への排水の流入はなくなったが、その下流部は1500所帯の家庭からの生活排水日量1000ｔが流入し、残念ながら清流とは呼べない状態だ。流れに生えるエビモ、ミクリ、バイカモといった水草は、ムサシトミヨの巣作

熊谷市久下小学校エコクラブの活動風景

りや産卵ばかりでなく天敵であるザリガニから身を守る隠れ家として大切な役割を果たしている。しかし、カモに食べられたり、流れを阻害するという理由で水草が除去されたため、ムサシトミヨの生息環境は悪化、平成17（2005）年の生息数は1万5000尾で13（2001）年の調査時から半減してしまった。ムサシトミヨの生息数は水環境のバロメーターといってよい。

以前から「ムサシトミヨを守る会」が密漁の監視や清掃をし、熊谷市管工事業協同組合もボランティアで川岸の草刈等の活動を行っている。さらに、今年(※)4月に保護センターの管轄が文化財センターから環境部に移管されたのを機に、より積極的な保護活動が展開されている。地元自治会の協力による親水イベントや小・中学校の飼育観察教育など今後の活動が大いに期待される。

思えばムサシトミヨの雄は健気な魚である。自分の体から分泌する粘液で水草をからませて小さな巣を作り、雌がそこに卵を産んで死んだ後も、卵が無事孵化するように寝ずの番で巣を守りながらヒレを動かし新鮮な酸素を送り続ける。そして孵化した稚魚が巣立つ頃に、短い一生を終えるのである。この健気なムサシトミヨを守るためにも、我々は水環境に対して今少しの興味と関心を持つべきではないだろうか。

絶滅危惧ＩＡ類のムサシトミヨの生息する清流が１００ｍ、２００ｍと延伸していくことを切に願いたい。

【アクセス】

鉄道：ＪＲ高崎線「熊谷駅」下車↓徒歩20分

※平成22（２０１０）年2月25日付掲載

「ムサシトミヨ守る会」の立札

12 水の都・まつもと城下町湧水群(ゆうすいぐん)（長野県松本市）

水音の競演千余の自噴水

信州に名水ありと訪ねた先は、黒い板壁の古城（松本城）周辺至るところから水が湧き出ている湧水群である。松本城は日本の４大名城のひとつに数えられる。かつ信州の歴史と文化を担う中核でもある。

お城の東南に女鳥羽川の清流が走り、川せりが自生して川底には小魚の魚影が光る。市民ボランティアと市のサポートで流域の清掃活動が行われ、川辺はごみもなく整然としている。４００年の昔から城下町の憩いの場であり文化の一端を担った清流である。

市の担当者に案内を乞い水の都を探索した。道すがら管理の実情などを伺いつつ、大手門井戸・蔵の井戸そして女鳥羽の泉と進みながら、数珠つなぎに現れる井戸の数に圧倒される。「源智の井戸」は古来より「信濃の国第一の名水」とたたえられ、明治天皇の松本御巡幸(ごじゅんこう)の折に御膳水に用いられたほどである。取材中にもこの水を求める人の列が絶えず、松本市民にとって湧水は生活の一部として定着していた。松本市が把握している井戸数はおおよそ４００カ所、個人が所有する井戸や湧水の数を加えると優に１０００カ所を超えるとのこと。

市街地の至るところに湧水のせせらぎがあり、水草が茂り、あちこちにホタルの餌となるカワニナが生息していた。せせらぎの水路はU字形のコンクリートでできているため、ホタルの幼虫が成育する環境下にないことが残念である。

松本市特別史跡「源智の井戸」

松本盆地は、西に日本の屋根「北アルプス」東に「美ヶ原高原」を有し、この美ヶ原高原を水源とした薄川（すすき）と女鳥羽川が作った複合扇状地である。地層に広大な地下水盆を形成し、至るところで地下水が自噴している。この松本平での年間湧水量は1億tで大規模ダムに匹敵する量である。湧水の多くは、平安の昔より生活用水や農業用水に利用され、名産品の地酒や味噌、醤油、そば等の生産にも寄与

槻井泉神社の湧水

している。都市化が進むことによる湧水量の減少や水質の悪化も心配である。

最後に訪れた槻井泉(つきいずみ)神社にある、幹径5mにも達する老欅(けやき)の下にこんこんと清水が湧き出ていた。歴史を語り歌にも詠まれたご老樹欅。「数々の風雪に耐え甘露を生み続けしか欅の御神水」を頂戴しつつ有り難さに手を合わせる。

【アクセス】
鉄道：JR篠ノ井(しののい)線「松本駅」下車→徒歩10分

平成22（2010）年3月29日付掲載

13 道北・仁宇布の冷水と十六滝（北海道中川郡美深町）

熊注意！道北の秘境に湧く森の雫

美深町は、旭川から北へ１００㎞（車で約2時間）。平成の水百選での最北にある「仁宇布の冷水」と「十六滝」を訪れる。道のあちこちに「熊注意！」の看板があるのは驚きだった。熊がいるのがあたりまえで、入っていく人間のほうが悪いのかもしれない。「仁宇布の冷水」の案内板の脇に熊よけの「トライアングル」がぶらさがっていて、なんとも不気味さが漂う。

整備されている歩道の50ｍほど先に、直径20㎝の２本の土管から冷水が流れ出ていた。水温を計ると7℃で冷たくおいしい。硬度は18で軟水、ミネラルの含有は多くはないがまろやかで爽やかな味がする。冷水を採水できる期間は5月末～10月中旬で、冬の間進入道路は閉められている。冷水が湧き出ているところは最近見つかったもので、それまでは誰も分からなかったとのことである。湧水が出ているところの奥は崖状の山になっているため、水の出る地点までの約50ｍを、自然が残るように木を切り草や藪を除去し歩道を整備した。水量は1日３５００㎥で松原湿原を水源としている。その水は最終的には天塩川へと流れている。付近一帯はヒグマ、エゾシカ、キタキツネ、エゾリスが生息しており、動植物の環境保全地区にもなっている。

「仁宇布の冷水の案内板」の脇に熊よけの「トライアングル」も

取材中、名寄近隣から車にポリタンクをたくさん積んで採水に来ている人々がいた。林道の奥に十六滝のひとつである「雨霧の滝」と「女神の滝」がある。雨霧の滝は豪快で見応えのある滝で、横幅もあり滝壺も大きく神秘的である。女神の滝入口の遊歩道は木材のチップが敷き詰められ整備されていた。横型の柱状節理の岩盤の上を階段状に流れ落ちている滝で、岩との組み合わせは一見の価値がある。滝も素晴らしいが、歩道の脇に強風で倒れたのだろうか、倒木して10年以上の歳月の経過を思わせる、苔むした巨木が横たわった姿がとても印象的であった。

名水百選に選ばれたことを契機に美深の商工会が名水を使った焼酎等の特産品の研究開発を始め、一昨年(※)からは毎年6月の第4週に松原湿原と仁宇布の冷水と十六滝巡りのイベントも実施している。場所が遠いこともあって観光客の急激な増加はないが、口コミで徐々に増えていくことを期待している。さらに村上春樹の小説「羊をめぐる冒険」は、松山牧場や十六滝（小説では十二滝）がある仁宇布の町が舞台になっているのではといわれている。ノーベル文学賞でも受賞したら脚光を浴びることになるだろう。

【アクセス】
鉄道：ＪＲ宗谷本線「美深駅」下車→徒歩５分→バス：名士バス「美深駅前」乗車→「仁宇布待合所」下車

※平成22（２０１０）年４月29日付掲載

女神の滝

14 市民に身近な河川・鏡川（高知県高知市）

龍馬が泳いだ鏡川

人口34万人を擁する高知市のど真ん中を、ゆったりと流れる鏡川は土佐山の高尻木山（標高897・4ｍ）を源流とし、浦戸湾に注ぐ全長31㎞の2級河川で、源流から河口域までの流域全体がひとつの市域に含まれる全国でもめずらしい川である。

市の環境保全課の方に案内を乞い鏡川に向かう。市役所を車で出て5分もかからないうちに鏡川に出る。最初に目に飛び込んできたのは川面に映し出された対岸の「筆山（ひつざん）」の稜線であった。鏡川は土佐藩5代藩主山内豊房が、その澄み切った清流を見て「我が影を映すこと鏡の如し」と詠んだことに由来するといわれているが、まさにと納得する。

そこから数百ｍ下流ではレガッタが行われ、4～500ｍ上流の新月橋近くの南岸の河川敷には天然アユの産卵場がある。鏡川は上流から下流まで水質は良好でＢＯＤ1ｐｐｍ前後、環境基準も新月橋を境に上流はＡＡ類型、下流はＡ型に指定されている。鏡川のアユは6割以上が天然アユで、平成21（2009）年の天然アユの遡上数は前年（16万1000尾）の約1・8倍の29万7000尾に増加している。これは毎年7月に子供を含めた1万人の市民参加の「浦戸湾・七河川一斉清掃」や「天然アユ100万尾を呼び戻そう活動」のお蔭である。鏡川にはアユ以外にもウグイ、アマゴ等87種の多くの魚が生息している。

さらに1㎞ほど上流を遡ると、河原に自然のキャンプ場がある。夏には対岸の岩から澄んだ川に向かって元気な子供たちが飛び込む姿が見られるらしい。この川で泳ぐ龍馬を想像すると親しみもさらに湧いてくる。案内をしてくれた方も子供の頃よく泳いで遊んだことを話してくれた。さらに上流には遊泳地区、キャンプ場がいくつかあり夏にはホタルも見られる。洪水調整と発電等の多目的ダム「鏡ダム」を見ながらさらに細い車道を登っていくと、終着点（樽の滝）に家が見えてきた。菜園で野菜等を栽培し、そこを拠点として小説を書いている女流作家の

鏡川の川面に映る“筆山”

天然アユ100万尾の鏡川

屋敷だという。

高知市は、平成元（１９８９）年に制定した鏡川清流保全条例をもとに「森と海とまちをつなぐ環境軸」を基本目標として、「森づくり」「川づくり」「人・まちづくり」を行ってきている。鏡川は特別の川ではなく、市民生活の場という思いがする。

【アクセス】
鏡川本川源流域：バス↓市中心部から30分
源流のひとつ工石山さいの河原：市中心部からバス30分↓徒歩60分

平成22（２０１０）年5月31日付掲載

15 四万十川支流黒尊川（くろそんがわ）（高知県四万十市）

人と自然の共生モデル地区

黒尊川は標高１１６５ｍの八面山（やつづらやま）山頂近くの三本杭を源流とする約30㎞の渓流であり、源流域のブナ林や川沿いの広葉樹がそれぞれの季節に彩りを添えている。黒尊とは「黒く尊いブナの林」という意味からできた言葉ともいわれている。黒尊川そのものはごつごつとした岩間を流れる渓谷美を醸し出しており、まさに「流泉為琴」の風情である。透明度は四万十川の支流の中で最も高く、水質環境基準ＡＡを保っている。源流域と合流点とのほぼ中間に慶長17（１６１２）年に祀られた古色豊かな黒尊神社がある。神官の佐竹久司氏によれば、現在氏子は４戸になってしまい祭りも年１回のみのようである。しかし勝運の神様であり、周辺市町の選挙時には必勝祈願が多いといわれる。

現在、本流の四万十川といえども汚染が進みつつあるが、黒尊川は清流を保っている。そのことは流域住民の並々ならぬ思い入れ、熱意に基づく諸活動の賜である。流域住民は現在約３００人、約１６０戸である。その流域のみを「しまんと黒尊むら」と称し、「黒尊会議」（住民組織）が結成されている。議長は旧西土佐村役場の課長ＯＢの山本安男氏であり、先ほどの佐竹久司氏

黒尊渓谷

等とともに活発な活動を行っている。住民は何をすべきか、市・県・国は何を支援できるかを考え、住民と行政が協働して保全活動を実行している。住民自身は清掃をはじめ、川の状況の経年的把握、生活排水対策、里風景の保全等の諸活動をし、また例えば林野庁は、黒尊川流域が「森林環境教育ゾーン」であるため、毎年神奈川学園高等学校のフィールドワーク修学旅行を受け入れ、間伐や植林体験を支援しており、ほかに森林教室、木工教室等を小・中・高合わせて28校で実施している。現在郷土樹種の植栽により水源林再生を目指しているが、シカ被害が多発し、その防護に悩まされている。なお、四万十川全体には「四万十川ルール」があり、「住民生活優先」、「こども優先」等が決められており、観光化は副次的と考えている。また持続的保全活動のためには子供たちへの継承が必要であることを謳っている。黒尊むらの人々はひとりひとりが注意すれば、他人の手を借りずに清流を守っていけることを実証している。

見学後、口屋内にある「しゃえんじり」（菜園の端の意味）というレストランで昼食をとった。このレストランは黒尊むらで採れた食材のみの料理で、また黒尊むら住民の当番制で運営しており、地産地消に努めている。立ち寄ってみる価値がある。

【アクセス】

車：四万十市中村地域↓22km（20分）で四万十川上流域（口屋内地区）

平成22（2010）年6月28日付掲載

黒尊神社の大杉

16 武蔵野台地の名水・妙音沢（埼玉県新座市）

雑木林に抱かれて生きる名水

妙音沢は名水百選の中で最も都心に近く、池袋から電車とバスを乗り継いで1時間で行くことができる。新座市の東部にやや小高い丘が続いており、下を一級河川の黒目川が流れている。この丘の斜面にはコナラなどの雑木林がうっそうとしていて、柔らかい陽射しが小枝を透かして落ちている。斜面を下りきった崖の際から、清水がこんこんと湧き出でて小さな池のように流れている。湧水池は大沢と小沢と2カ所あって数mしか離れておらず、すぐに合流している。穏やかな小川で、幅2〜3m、深さ10〜20㎝で、数10m走って黒目川に注いでいる。林の静寂の中で、水のさらさらとした音だけが聞こえてくる。ちょうど斜面にひっそりと咲いているかたくりの花が耳を傾けて、妙なる沢の音を聞き澄ましているようだ。「妙音沢」という名前の由来もなるほどと思われる。湧水量は非常に豊富で、大沢で0・4〜1・8t／分、小沢で0・2〜0・8t／分もあって、武蔵野台地の湧水の中でも1、2を争うそうだ。きれいな水にしか棲めないプラナリアが生息しているが、飲料水としては適していない。昔は斜面の一部が滝になっていて、滝見の参道や茶店があったと伝えられている。また、この沢で盲目の琵琶法師が琵琶の秘曲を授かったという伝説も残されている。

新座市は平成16（2004）年に当地一帯3・3haを豊かな自然環境保全の目的で、「妙音沢特別緑地保全地区」として指定した。その活動の一環として、「緑の保全巡視員」10名が毎週パトロールして緑地内の植物の採掘、ごみの不法投棄等の防止に努めており、また年1回秋にボランティアによる大掛かりな「クリーンアップ作戦」も展開され、これらの活動で着実に当地の景観も向上してきたそうだ。

琵琶の奏でる調べに例えられる妙音沢の流れ

妙音沢をはじめとして、新座市は緑と川に恵まれた街だ。平林寺と野火止用水が各々その代表であろう。平林寺は禅寺の古刹として有名で、13万坪もの境内林は武蔵野の面影濃く、国の天然記念物に指定されている。クヌギやコナラなどの

妙音沢緑地の散策木道

雑木類が空高く林立し森閑としている。一方、野火止用水は、玉川上水から分水し北東方向に25kmにわたり開削された人工の水路である。乾燥地であった当地ではこの水路の果たした役割はさぞかし大きかったことだろうと想像される。かつて大正の初めに当地を訪れた田山花袋が、旅行記で平林寺（へいりんじ）と野火止用水の景観にいたく感嘆した旨を記している。市のスローガン「雑木林とせせらぎのあるまち新座」は、実にこの街にふさわしい言葉といっていいだろう。妙音沢がその象徴であることはいうまでもない。

【アクセス】

電車：西武池袋線「大泉学園駅」下車↓バス：（新座栄行き）「新座栄」下車↓徒歩5分

平成22（2010）年7月29日付掲載

17 毘沙門山麓から湧き出る毘沙門水（埼玉県秩父郡小鹿野町）

武神「毘沙門天」が授けた霊水

両側から迫ってくる山々に押しつぶされそうに狭隘（きょうあい）な谷間を縫って走る一条の清流。ここは群馬県と県境を接する山また山の埼玉県秩父郡小鹿野（おがの）町（まち）馬上（もうえ）地区である。両側の山が少し広がった辺りに山懐に抱かれるように33戸の集落があり、清流に架かる小さな橋もある。橋を渡れば粗末な小屋とその前のコンクリート製の小さな擁壁（ようへき）に取り付けてある５口の蛇口が見える。毘沙門水の水汲み場である。しかしそこが水源ではない。背後にそびえる毘沙門山は、全山石灰岩のため白石山とも呼ばれる。急斜面を登ること１・８㎞、山頂近くの湧水地から1日１０００ｔもの霊水が涸れることなく湧き出ているのである。何故そんな山頂近くの高所から大量の霊水が涸れることなく湧き出ているのか、その理由は誰も知らない。

神々の住む須弥山には甘露の雨が降るという。山腹に住む四天王のひとりである毘沙門天は北方の世界を守る武神である。ならば佛敵を退治した毘沙門天が喉の渇きを癒そうと甘露の霊水を、この地この場所に求めたのであろうか？

話が飛ぶが、地元の三田川中学校では水汲み場周辺にコウゾを栽培しており、この霊水を使っ

馬上のクダゲエ

て紙すきに取り組み、完成した和紙は卒業証書として活用している。またこの地区には古くから「馬上のクダゲエ（管粥）」が伝承され、毘沙門水を使った粥の中に篠竹を入れて炊き上げ1年における天候や農作業の作柄などを占う。毎年小正月に執行され農作業の年間計画を樹立する目安になっている。同時に、風、雨、大世（だいせ）などが予兆される厳粛な神事である。

　馬上の人々はこの霊水を昔から全戸に配管して飲料水、生活用水として活用してきたが、水質が良く（硬度10 4、pH7・9、水温15～16℃、水道法での50項目の検査基準もクリア）ミネラル豊富だがマイルドでおいしいことと、馬上地区の人々だけでは消費しきれないほど湧水量が豊富なことから、希望者にも提供しようと平成7（1995）年に前記の蛇口を設置した。

　口伝えに噂が広がり、今では県外からもポリタンクを何本も積んで汲みにくる車も多い。しかし馬上の人たちは大変である。全戸が参加して組織された毘沙門水保存会が2カ月に1回ほど水源周辺と貯水施設（50ｔ）等の巡視と清掃を行っているが、そこには二ホンカモシカだけでなくイノシシ、クマも出没する。重機の使えない急斜面に設置されている配管の取り替えや中継タンクの清掃、台風等で崩れた土砂の復旧はすべて人力で行わなければならない。（社）秩父宮会副会長の守屋勝平氏夫妻は、それだけでなく水汲み場の清掃や、台風等による断水情報の問い合わせに応じたり、労を厭わず過ごしておられる。

高齢化の波はここ馬上地区にも容赦なく押し寄せてきている。いつまでもこの霊水を安全に容易に提供してもらえるように、希望者は水汲み場脇に置かれている小さな賽銭箱に気持ちを投じてから霊水を汲みたいものである。

【アクセス】
鉄道：西武秩父線「西武秩父駅」下車→バス：（栗尾行き）「小鹿野町役場」下車乗り換え（長沢行き）「馬上」下車→徒歩３分

平成22（２０１０）年８月30日付掲載

毘沙門水の取水口

18

尾瀬の郷・片品湧水群（ゆうすいぐん）（群馬県利根郡片品村）

水の豊潤な香りに圧倒されて

緑眩（まぶ）しいブナの林を通り抜けると、ガラスの雫のように透明な水が湧き出ていた。身体の疲れがすっと消えるようなきれいな雫。手ですくって口に含むと、水の豊潤な香りに圧倒されて「永久のとき」を感じずにはいられなかった。

ここは、尾瀬国立公園と日光国立公園を有する群馬県片品村。２０００ｍ級の至仏・白根・武尊の山々に降った雨が大地にろ過されて、一帯には湧水群が形成されている。村の面積の約9割を山林が占める。この湧水群は、地域の住民が自ら進んで清掃・植林・山林の保全を行うことによって守られてきた。

村を貫く片品川の河岸には、水害対策の神として崇（あが）められている禹王（うおう）の碑が祭られている。禹王は、中国の古代王朝「夏（か）」を開いた皇帝で、黄河の治水に貢献があることから治水神となった。古事記や吉田兼好の徒然草にもその名が見られる。

片品村の水道水すべてが片品湧水群に含まれており、水道水の水源は山から湧き出ているところを堰き止め、地下を送水し直接各家庭に給水している。堰き止められた部分は、いわば給水タンクの役割を果たしている。おいしい水道水を住民に届けようと、塩素注入量を極力減らすことができるように「水特区」を申請した歴史もある。

人々の生活水として使用されてきた湧水群は村内に12カ所ある。特に「花の谷湧水」「観音様の水」「武尊（ほたか）湧水」は軟水でおいしい水として評判が高い。その中のひとつ、武尊湧水は、武尊山に降った大量の雪や雨がブナの林に浸透し、岩の間から直接湧き出ている唯一の湧水である。太古より姿を変えていないであろうこの場所で、湧水群が今も

武尊湧水

脈々と息づいている。湧出量は毎分10・8tと片品湧水群の中でも群を抜く。硬度16、pH7・6とアルカリ性のまろやかなおいしい水である。

木々の息吹が感じられる中で飲んだ水は甘露の味がした。

【アクセス】

鉄道：JR上越線「沼田駅」下車→バス：（大清水・鎌田行き）「鎌田」下車

車：関越自動車道「沼田IC」→40分

平成22（2010）年9月30日付掲載

観音様の水

19 元滝伏流水と獅子ヶ鼻湿原〝出壷〟（秋田県にかほ市）前編

鳥海山に抱かれた夢ある町

元滝伏流水と獅子ヶ鼻湿原〝出壷〟は、地元では知る人ぞ知る秘境の地である。仁賀保町・金浦町・象潟町の3町合併前の旧象潟町で、推進していた観光立町のＰＲを促進するために名水百選に応募した。２カ所ともに旧象潟町に属しており、どちらも河川水ではなく鳥海山の雪解け水や雨水が溶岩層を透し、地下でいく筋もの水の流れとなり、それが伏流水や湧水となって地上に顔を出している。

観光客の動態調査によると、平成21（２００９）年の前年比で30％アップ（元滝伏流水は２万３０００名、獅子ヶ鼻湿原は４万５０００名）と、名水百選に推薦されたことの効果が明らかに現われている。観光立市を目指して観光課の職員数を増やし、観光船で日本海から鳥海山を眺めるツアーや日本海に沈む夕日の紹介等の企画が進行中である。

元滝伏流水は幅30ｍの岩肌一帯から直接伏流水が滝となって湧き出し、元滝川に合流し奈曾川に流れていく。その湧水量は５万ｔである。春は滝が流れる崖につつじの花が咲き、夏でも霧で霞む水墨画の世界へ誘い、秋には赤く紅葉した木々を濡らしながら水が乱舞する光景は、幻想的

霊水の乱舞

で写真家にとっては堪らないスポットとなっている。元滝伏流水は年間通し、水量の変化も少なく、pH6・3～6・4、水温は11・5℃程度で冬でも氷柱を見ることはない。

　ボランティア活動として「鳥海国定公園を美しくする会」が、鳥海山の伏流水の水質保全活動の一環として清掃活動や自然保護の啓発活動を行っている。また、「鳥海山にブナを植える会」は平成6（1994）年に戦後の乱伐などで失われた鳥海山麓のブナ林を復活させようと発足したもので、3合目付近の市の所有地に鳥海山で採取した種から苗木を育て、地元企業や小・中・高生の協力を得て、これまでに2万6000本超のブナを植えている。

　我々が元滝伏流水を訪れた時、岩肌

から湧き出ている滝は霧に包まれ、その清らかな水は岩を癒し、苔を癒し、岩にしがみついている植物を潤し、そして私たちを幻想の世界に誘ってくれた。

【アクセス】
鉄道：ＪＲ羽越本線「象潟駅」下車↓バスまたは車いずれも20分

平成22（２０１０）年10月28日付掲載

元滝

20 元滝伏流水と獅子ヶ鼻湿原〝出壷〟(秋田県にかほ市) 後編

息のむ湧水　神秘のブナ林に酔う

獅子ヶ鼻湿原は、平成13(2001)年に国の天然記念物の指定を受けるまで、地元の人にしかその存在を知られていなかった、いわば秘境の地。

午前中に降っていた雨もあがり、ブナの葉の間から光が差し、妖精が住んでいるような森を通り抜けると、水面を盛り上げるように限りなく湧き出る〝出壷〟に辿(たど)り着く。

7つの湧水池があり全体の湧水量は約4000tを超えている。この湿原の植生はこれまで人為的な影響をほとんど受けることなく保たれてきたため、多様な水生・湿生植物群が発達している。湧水はpH4・0~4・6、水温は7~8℃と年間ほぼ一定である。中でも最大の湧水量を誇る〝出壷〟は地元では俗称「熊の水呑み場」と呼ばれている。森の中にぽっかり空いた水辺のオアシスは、トレッキングで訪れた人々が小休止するには絶好の場所である。

獅子ヶ鼻湿原に続く中島台レクリエーションの森は、ブナ原生林の神秘に満ちた大自然の博物館。モンスターのように奇形化した異様なブナの雄姿が目に飛び込んでくる。昔、村人が炭の材料として雪上から出たブナの幹を伐り、それを繰り返すうちに切り口がこぶ状に盛り上がってい

現代版ソーラー水路

ったといわれている。その中でも「森の巨人たち百選」に選定された「あがりこ大王」は、樹齢350年幹回り7・62mで奇形ブナとしては日本一の太さを誇る。

〝出壷〟から流れ出た水は、世界的にも貴重なコケ類であるハンデルソロイゴケとヒラウロコゴケが絡み合って球体状になった俗称「鳥海マリモ」を形成している。この水は水力発電に利用されて鳥越川を経由し、一部は農業用水として使われ白雪川へと流れていく。

ここの農業用水路（上郷温水路）は融雪水による冷水障害を克服することを目的とし、水路幅を広げ水深を浅くして用水の流れを緩やかにし多くの段差を設け、水を混ぜる仕組みになって

「鳥海マモリ」を育む出壷

いる。いわば現代の「ソーラー水路」で、平均10℃の水温を4～8℃上昇させ、農作物に適する温度まで上げる知恵には感心させられた。この上郷(かみごう)温水路は昭和12（1937）年から順次つくられていった。
　先人の知恵が大自然の恵みとともに、村人の生活を潤している。

【アクセス】
鉄道：JR羽越本線「象潟駅」下車→車20分

平成22（2010）年11月25日付掲載

21 沸壺池の清水（青森県西津軽郡深浦町）

詩魂ゆさぶる神秘の湖沼

白神山地の西端に位置しているとはいえ、周辺のブナ林はうっそうとしている。深浦町役場の古田芳美さんの先導で、お勧めコースの出発点である森の物産館からブナ林に入った。落ち葉の湿った感触が心地よい。左手に「鶏頭場の池」を見ながら、ゆるい勾配を上る。右にカーブしながら木道を下りると深緑色の池が現れた。十二湖で最も知られた「青池」である。

青池の青はただごとではない。炎暑の残る9月初旬の日の下では、一瞬濃緑に見えたかと思うと、次の瞬間には深く鮮やかな群青に変わった。池を覆ってそよぐブナ林の演出だ。にしても、色の表現は難しい。深浦町の案内にはコバルトブルーとある。でも、やはりそれとも微妙に違う。深い青。思わず、底に引き込まれそうな誘惑に駆られる。

そういえば、19世紀の著名な英国の画家、ジョン・エヴァレット・ミレイの作品に「オフィーリア」がある。青池にそっくりな濃い青い池に死んだオフィーリアが仰向けに浮かんでいる。まるでこの池をイメージして描いたかのようだ。

林の底に沈むような青池から木道を登り、気持ちの良いブナの自然林をしばらく行き「沸壺の

沸壺池　風冴ゆる沸壺の池神渡し（有馬芳生）

池」に辿り着いた。池の周囲には数本の太く高い桂の木がそびえている。その根元付近から水がこんこんと湧き出している。目的の名水である。水深は約３ｍ。水は青く透き通っている。底に溜まった落ち葉がはっきりと見える。湧水量は日量５２０ｔである。

桂の木の根元付近からはパイプが引かれ、バス停前に作られた茶室「十二湖庵」の水汲み場まで続いている。そのまま飲料水として飲む人もいる。もちろん十二湖庵の茶はこの水で点てられる。その日宿泊した町営の「海彦山彦館」ではここで汲んだ水を煮沸冷却して食前水として出してくれた。公には飲料水とはいえないものの、春秋2回の水質検査では常に水道基準を満たしている。澄んだ青色に背かない水質だ。

かつて大町桂月をはじめ、この地を訪れた文人が多くの詩歌を残した。十二湖庵には大会に入選した俳句が掲げられている。多くの人に詩心を抱かせるところでもある。

白神山地の西側、海抜約200～250m付近には33の湖沼が点在する。元禄17（1704）年、年に津軽地方を襲った地震によって、柔らかな凝灰岩が崩壊し、谷や川が堰き止められ多くの湖沼が誕生した。これを展望のきく大崩から眺めると12の湖沼が見えたため十二湖と呼ばれるようになった。

青池、鶏頭場の池、沸壺の池のほか、幻の魚イトウが養殖されている「落口の池」、釣りができる「王池」と表情を変える湖を巡る散策は楽しい。12月には東北新幹線が新青森まで開通し、アクセスが格段に良くなった。

【アクセス】
鉄道：JR五能線「十二湖駅」下車↓バス：弘南バス「奥十二湖」下車↓徒歩約15分

平成22（2010）年12月13日付掲載

沸壺池散策コース

22

御岳昇仙峡（山梨県甲府市）

荒川と岩が織り成す天下の名勝

御岳昇仙峡は古来山岳信仰の地であった。奥多摩、信州と並び日本3大御岳と呼ばれている。秩父多摩甲斐国立公園の中にあって、名峰金峰山を頂き、急峻な山と渓谷が連なっている。山腹の奥に由緒ある金桜神社があってかつては修験道の拠点になっていたそうだ。深田久弥の著書「日本百名山」には、金峰山への登山の途中ここで昼食をとったことが記されている。明治6（1873）年ウィーンで開催された万国博覧会に、この神社に御神宝として祀られていた「火の玉・水の玉」の4寸大の水晶が出品された。江戸時代から全国の研磨師が集まり、水晶が宝物として珍重されていたことが窺える。

御岳昇仙峡は現在では、平成百景の第2位（1位は富士山）、全国観光地百選・渓谷の部第1位と、観光地としてつとに有名であり、名水としての指定も天神森から千娥滝までの4㎞の最も景勝に富んだ一帯が選ばれている。荒川という名前の通りの荒ぶる川が砕けよとばかりに、巨岩にぶつかりながら奔流する様は迫力満点である。一方で流れの穏やかなところでは、いかにもの清流が澄明な面を見せながら晩秋の枯葉をのせて静かにたゆとうている。

当地観光協会の重鎮である長田上氏（天保年間に甲府から御岳までの道を切り開いた長田円右衛門の末裔（まつえい））の話は含蓄に富むものであった。流域一帯は、嵐のたびに荒川が氾濫しいく度となく民家が流失したとのこと、しかし昭和61（1986）年に上流に多目的ダム（荒川ダム）が完成してからはそのような災害はなくなったこと、そのかわり「月の沙漠」のような白い砂が見られなくなってしまったこと、ひと言でいえば「河原の風景がすっかり変わってしまった」と述懐された。それでも清流である証拠に、夏が近づくとカジカガエルの美しい鳴声が

「日本一の渓谷美」御岳昇仙峡

渓流にかかる天鼓林橋

聞こえ、ホタルが乱舞する様は昔のままなそうだ。花崗岩（かこうがん）で叩かれ続けた水はさぞおいしかろうと思われる。甲府市への水道水は天神森下流にある平瀬浄水場から供給されている。

　当地はまた８７００haにわたり林野庁から水道水源保護地域の指定を受けており、おいしい水の生まれる条件が揃っている。因（ちな）みに、平瀬浄水場の下流で採取した水は、10月下旬で水温13℃、ｐＨ７・８、ＢＯＤ０・５ｐｐｍである。行政はもちろん民間レベルでも環境保全に対する様々な取り組みが実施されている。水道局が主体となって年２回クリーン作戦を展開し、また観光協会主体の清掃活動が年４回、延べ２００人規模で実施されているそうだ。それ以外にも地元の飲料メーカー、保険会社など、自主的な活動が続けられているのは心強い。また当市水道局では、市のイベント開催時に「甲府の水」というアルミ製のボトルウォーターを市民に配り、万が一の備えに供している。

特に平成22（２０１０）年11月から甲斐市小学校10校が、順次「昇仙峡を知る」と題して実地の勉強会を始めたそうだ。先頭をきって双葉東小学校の生徒１００人が当地を訪れた。このような活動を継続していけば、白い砂を再現できないまでも、御岳昇仙峡の自然と環境は将来にわたり守られていくであろう。

【アクセス】
鉄道：ＪＲ中央本線「甲府駅」下車↓バス：南口バスターミナル（昇仙峡行き）「昇仙峡口」下車

平成23（２０１１）年1月31日付掲載

23

金峰山・瑞牆山源流（山梨県北杜市）

自然の恵みを総力で

関東・甲信越の1都3県にまたがる「秩父多摩甲斐国立公園」の西の玄関口、山梨県北部中央に位置する北杜市の「金峰山・瑞牆山源流」。

平成20（２００８）年6月の「平成名水百選」に認定された、中でも有数の水質・水量を誇る水源といわれる。古来よりこの水源流域は山岳信仰の地としても知られるが、金峯山・瑞牆山とも「日本百名山」にも選出されるほど自然条件をも満たした地域。こうした条件が重なり、その懐の深い山岳に源を発する湧水は自然環境づくりばかりでなく、景観調和や生活に欠かせない水道の水源、また農業用水などの貴重な生活資源を供給する。

山梨県下は霊峰・富士山周辺の雪解け水などによる湧水が豊富であり、かつ水質も良好。こうした自然環境にも恵まれ、〝名水〟が多い。昭和60（１９８５）年には「昭和の名水百選」で北杜市は、「八ヶ岳南高原湧水群」（三分一湧水、大滝湧水）と「白州・尾白川」の2カ所の認定を受けている。加えて今回「平成の名水百選」でも認定された。まさに〝みず〟の宝庫。しかしこれら歴史ある名水は、この地域に限らず自然保護・環境保全への地域住民など関係者のひとかたならぬ活動によって守られていることを見逃してはならないだろう。

今回訪れた「金峰山・瑞牆山源流」は、雄大な山岳からの雪解け水が本谷川、釜瀬川に注がれ、木々に囲まれたいくつもの渓谷や滝を経て「みずがき湖」（塩川ダム）に貯水される。この間の山林は水源涵養林（かんようりん）の働きもするが、平成13（2001）年に同地域で開催された「全国植樹祭」を機に、地域9集落や環境保護団体など延べ700名近くの関係者がこれまでの活動の輪をさらに広げ、草刈や河川敷、遊歩道など環境保護の清掃作業を定期化しているとい

本谷川上流の滝

う。

　一方、市では毎年2回、名水保全のための水質検査を実施。名水の域内66カ所で定点検査。名水の確保と維持へ怠りない努力を続けている。測定項目はpH、BOD、COD、SSなどの基本項目に加え、環境26項目など特殊項目まで範囲を広げているが、いずれも基準をクリア、これまで「安定した水質を保ち続けている」（生活環境課）という。まさに自然の恵みに総力で取り組む好事例だ。

　北杜市は平成16（2004）年に全国の市町村合併と並行して、玉須や小淵沢町など8町が合併した山梨県下でも有数の

瑞牆山上流：不動滝

町。人口は約6万人で農業主体都市である。〝人と自然と文化が躍動する環境創造都市〟を標榜し、日照時間が年間〝2257時間〟と日本一。しかも名水百選に2度も認定されるほど自然水にも恵まれるなど、環境創造都市にふさわしい自然資源を保有する。こうしたことから自然エネルギーを駆使した省エネ・創エネ策には特に力を注ぎ、平成16（2004）年に就任した白倉政司市長のもと、平成21（2009）年には経済産業省の「新エネ百選」でも認定を受けている。

現在、太陽光（ソーラー発電）や水力（落差）発電も鋭意推進中で、農水路のほか各種水路を利用した小水力発電などをすでに10カ所近く稼働また計画中である。さらに資源循環で有力な手法として期待値が高い〝バイオマス事業〟も進めており、自然から享受した〝資源〟をフルに活用した行政施策は注目される。観光や教育・文化と資源活用は今後の〝まちおこし〟の重要な要素。次代を先取りした北杜市に期待が膨らむ。

【アクセス】
車：中央自動車道「須玉（すたま）IC」↓約40分

平成23（2011）年2月28日付掲載

24 童話の里・下園妙見様湧水（大分県玖珠郡玖珠町）

湧水が元気のみなもと

童謡『夕やけ小やけ』の作詞者でもある童謡作家・久留島武彦を生んだ大分県玖珠町には、下園妙見様湧水という万年山を源水とした湧水地がある。湧水は雨水が地下に浸透して10～20年たって地上に湧き出たもので、降雨時に濁ることもなく、水温も年間通して13℃と一定、pH6・9、硬度11の軟水でおいしい水である。

名水百選に認定された記念にと地元の喜びを表現した歌がある。集落の人たちの水に対する感謝の念が滲み出ている。下園妙見様の故事来歴は元禄14（1701）年作成の山浦村の「浦絵図」にも妙見様の地名が示されており、古くから妙見社を「水の神様」として祀り、地区の人々が水を利用していた。また百数十年前の大火の時妙見様のお蔭で鎮火したことで「火の神様」としても伝えられていて、その名残りで年に1回12月に子供たちがかまどでお米を炊く習慣が今でも残っている。

地元では地域の活性化につなげたいという思いで万年山妙見様湧水活性化委員会『万年元気』を立ち上げた。活動のひとつに手作り豆腐「万年元気豆腐」がある。集落のお母さんたち15名が週4回交代で早朝3時から心を込めて作っている。大豆は地元産を使用。下園妙見様湧水の硬度やアルカリ度が豆腐作りに適しており、まろやかで大豆の香りがするおいしい豆腐ができる。

集落を流れる山浦川のあちこちから湧水が湧き出て、それは慈恩の滝となり玖珠川へと合流し、筑後川から有明海へと流れ出る。川べりにはセリやクレソンが自生し、夏にはホタルが飛び交うとのこと。九州ではこの水系のみに自生するカワノリが大分県天然記念物になっている。名水を汲みに来る人は年々増えているが、駐車場や観光客誘致の整備は必ずしも十分ではなく今後の課題となっている。今後、商工観光課へ担当が移管することによってさらなる整備が期待される。

名水百選　下園妙見様湧水石碑

　集落のすべての家庭の生活用水は井戸水ではなく、集落を縦横に走るパイプで送水される湧水である。取材に応じてくれたご婦人方がお世辞抜きに実際の年齢よりも若々しく見えるのも、集落での病が少ないのも水のお蔭と感謝されている。また、この水を飲んですくすく育った子供たちが集落の自慢だ。学童数は少ないが文化祭などの学校行事に全校生徒が一致団結し一生懸命協力し合う。こんな素晴らしい子供たちが未来の担い手になっていくのだろうと地域のお母さんたちは期待している。

村での生計は原木を活かしたシイタケ栽培である。帰りにお土産にといただいた肉厚のシイタケを自宅で〝ひと炙り〟。芳醇な味は絶品であった。それにしても取材を通して村人たちの温かさには感動した。この清らかな湧水こそが心の豊かさを育んでいるようだ。その温かさを求めて玖珠町に出かけてみてはどうだろうか。

【アクセス】

車：慈恩の滝より県道(704号)を進み6㎞(約15分)。春日小学校左へ町道を300m。

平成23(2011)年4月4日付掲載

下園妙見様湧水の水汲み場

25 泉が森湧水およびイトヨの里泉が森公園（茨城県日立市）

断水救う常陸の湧水

平成23（2011）年3月11日14時46分、我々4人は日立市の泉が森公園にいた。湧水と公園の由来について説明を受けている時だった。ゴーッ、という音と同時に大地が大きく揺れた。公園の湧水が間欠泉のように吹き上がり、池の水が見る間に茶褐色に変わった。地割れが起こり、隣の泉神社の石積みが崩れ、源泉となっている境内の清水も一面茶褐色に変わった。どれほど続いたのだろうか、立っていられないほどの揺れに思わず身をかがめて、揺れの収まるのを待った。

泉が森公園はJR大甕駅から徒歩10分のところにある。泉が森については、奈良時代に編纂された「常陸国風土記」に次のように記されている。「此より…二里に密筑の里（今の水木の呼称）あり、村の中に浄泉あり。俗、大井（神社の北側に湧出している泉）と謂う。松は冷かにして冬は温かなり。湧き流れて川となれり。夏の暑き時、遠邇の郷里より酒と肴とをもちきて、男女集いて…楽しめり。」

公園に豊かな水を供給する源泉は、すぐ隣のこんもりと生い茂った常緑樹に囲まれた泉神社境内にある。周囲が50ｍほどある泉のほぼ中央部から、青白い砂を吹き上げながら、絶え間なく清

大活躍した「親子がもの井戸」

水が湧き出ていた。宮司の佐藤正雄氏はその清水に魅かれ、婿入りを機会に㈱日立製作所を退職して神職に就いたという。

　水温は年間を通して約13℃で「風土記」に記されているとおり「夏冷冬温」である。1日の湧水量も4320ｔと豊富だ。

　14時30分頃から公園内で日立市都市建設部の石川洋文氏とイトヨの里泉が森公園運営委員会代表の菊池義昭氏のお2人に話を伺った。それによると、公園は平成14（2002）年に、幻の魚といわれる『イトヨ』の保護をきっかけに整備された。公園には新たにビオトープが設置され、イトヨ観察池と観察デッキ池が設けられた。さらに、石畳と芝生の広場も造成され、休憩用の東屋も作られた。

　観察池にはイトヨのほか、ホタルの餌になるカワニナが生息し、夏にはホタル祭りが行われている。また、関東地区で初めて発見された絶滅危惧種Ⅰ類に分類されているノコギリカワゴケは、イトヨの餌となるヨコエビの格好の棲家でもあり、巣作りの材料ともなっている。ノコギリカワゴケは少しでも濁ると光合成ができなくなるデリケートな植物であるという。

ボランティアとして公園を守っていく思いや市民との関わりなどに質問が及ぼうとしたところだった。震度6が襲来した。3月23日、お見舞いに再訪したが、湧水は何事もなかったようにこんこんと湧き出ていた。震災後の断水時には、近隣住民がこの湧水を求めて長蛇の列をなしたと聞かされた。安心安全な生活を1日も早く取り戻せることを心から祈るばかりだ。

【アクセス】
鉄道：ＪＲ常磐線「大甕駅」下車→徒歩10分

平成23（２０１１）年4月28日付掲載

泉が森湧水

26 浜山湧水群(島根県出雲市)

90万本の植林黒松が水源涵養

浜山は出雲市の西北部にある。なだらかな砂質の山で、黒松が数多く植林され、陸上競技場や野球場などがある県立浜山公園になっている。この黒松によって水源が涵養され、東側の山裾に地下水が豊富に湧いて、簡易水道に利用されている。また、良質なことから古くから酒や醤油造りに使われている。この浜山湧水を守るため、地域住民による湧水周辺の清掃活動や松苗の植樹が活発に行われている。

かつてこの地は大規模な砂州が形成され、農業に適さない荒地であった。宝暦年間(約230年前)に松江藩が大掛かりな植林を行ったが、何度も失敗に終わった。この時、地元の井上恵助翁が松江藩の許可を得て、私財を投じ、また富くじなどにより資金を調達し、22年の歳月を要して90万本の黒松を植えた。これにより、飛砂に歯止めが掛かり豊かな緑の山になった。水源が涵養され大干ばつでも水が涸れることはないという。

湧水を水源に昭和33(1958)年に砂子田簡易水道組合がつくられ、約60戸(現在は40戸)に給水を行った。管理小屋の中の井戸から10mほどの高台の貯水槽までポンプアップし、自然流

新設水汲み場通水式（中央・長岡市長）

下で各戸に給水する。案内してもらった中島良樹組合長によると、井戸の深さは地下３ｍで、この深さの水質が一番良く、５ｍになると鉄分が多くなり飲料水には不向き。その理由はよく分からないというが、その境目辺りに粘土質の不透水層がありそうだ。

市の上水道が引かれるようになり、上水道を利用している家庭もあるが、簡易水道は硬度１５０前後、ｐＨ７・６の硬水でおいしいという。１日の湧水量１００ｔ。出雲保健所管内で最も水質が良い。同水道組合が中心となって湧水周辺の草刈や清掃を定期的に行っている。

名水百選に選定されて、水を汲みに訪れる人が多くなった。道路が狭いため、車が渋滞。日常生活に支障をきたすようになった。このため、組合は市に水汲み場の整備を要望した。市は出雲の歴史ロマンを求めて訪れる人々のため、湧水群近くの市観光文化施設「出雲文化伝承館」の駐車場に水汲み場を建設、今年（※）３月１日、竣工式が行われた。

湧水群の１カ所から駐車場まで約５００ｍ送水管を布設し、水汲み場は蛇口を押すと、当地にふさわしく出雲神話に登場する「ヤマタノオロチ」像の口から水が噴き出す仕掛けである。案内板の注意書きには「毎月１回水質検査を行っていますが、念のため一度沸かしてからお飲みください」とあり、水源保持のため利用時間を午前９時～午後９時に制限している。

長岡秀人市長は竣工式のあいさつで湧水保全にかける地域住民の積極的な活動を強調、地元保育園児と通水式を行い、報道陣のカメラに応じていた。

通水式の後、早速飲んでみると水は塩素消毒していないためか、まろやかでおいしかった。

【アクセス】

鉄道：ＪＲ山陰本線「出雲市駅」下車→バス：（出雲大社行き）「高松小学校前」下車→徒歩15分

※平成23（２０１１）年５月26日付掲載

砂子田簡易水道水源（龍宮神・水神の石碑）

27 鷹入の滝（島根県安来市）

"神話のくに"の名水

鷹入の滝は安来駅から南約18㎞にあり、伯太川の支流小竹川上流にある。

この辺り一帯は古事記の「根の堅州国」ではないかといわれ、大国主命ほか古代の神々が活躍した舞台であり、周辺には神々の足跡があちこちにある。また、古代から江戸後期までは鉄穴流しとタタラ製鉄の鉄山師が活動していた地域でもあり、その遺跡も散見できるという。

鷹入の滝にはこの2つが結びついたと思われる伝説がある。約400年も前のこと、鉄山師の坂根弥藤次がこの滝で昼寝していると、夢の中に女神が現れ「吾は黒坂の滝の神である。（黒坂の滝山神社のご祭神＝三穂津姫＝大国主命の后）あの滝は上流で開田などのため不浄で居心地が悪くなった。されど住み馴れた地故に立ち退くのも本意なく、朝は黒坂に、日が昇ればこの滝に移り住みたい。吾が来るからには諸人病人を救って遣わす故に、ゆめ疑うなかれ。その証に旱天でも水嵩が増すことを以って知れ」と告げて姿を消した。弥藤次は不思議に思い村人に諮って祠を建て、黒坂の滝神社をお迎えし信仰するようになった。この水は皮膚病に効くといわれ、また、昼過ぎから水量が増すという。それ以来、新田開発と砂鉄取りが盛んになり村も栄えた。

滑らかな岩肌を落下する第三の滝

この滝を有名にしたのは、小竹のふるさとをこよなく愛した小林善之氏の尽力による。当初はひとりで滝の周りの草刈などをして、近所の8戸でお祭りをしていたが、昭和56（1981）年に地元の熊谷稲荷神社氏子の21戸で「鷹入の滝を守る会」が結成され、本格的な整備がなされた。その後、「上子竹連合自治会」に事業が継承され、昭和60（1985）年には「島根の名水百選」に選ばれた。また、元伯太町からの助成も受け整備の充実を図ってきた。平成元（1989）年以降8月13日には「滝まつり」を開催し、野点（のだて）、マスのつかみ取り、そうめん流し等が行われている。平成20（2008）年に平成の水百選に選ばれてからは約800人の参加があるそうである。現在は善之氏の次男彰生氏が「赤屋交流センター」をまとめ、事業を引き継いでいる。

滝の入り口には駐車場、東屋、トイレ、親水広場等が整備されている。散策道は階段やガードパイプで整備されており、手前の三の滝から、二の滝そして一の滝まで約15分の上り坂である。一の滝は落差約10ｍで、各滝の途中には巨石のすき間を清流が流れ、小魚が泳いでいる。多少汗ばみ始めた頃に一の滝の正面に着く。滝壺の近くに祠が祭られている。ひと汗かいた後の、滝からのとうとうと流れる瀑布は心地よい清涼感を与えてくれた。

一の滝を去る時、ふと振り返ると大きな袋を背負った大国主命が、滝壺のたもとにお立ちになり、我々を見送ってくれているような気配を感じたが錯覚であろうか。

【アクセス】

鉄道：ＪＲ山陰本線「安来駅」下車↓バス：イエローバス「上小竹」下車↓徒歩約20分

平成23（２０１１）年６月30日付掲載

鷹入の滝

28 地蔵滝の泉（鳥取県西伯郡伯耆町）

大山の恵みで湧水が日量19万t

伯耆町は鳥取県の西端で、中国地方最高峰・大山の西麓に位置する。大山に降る雨は麓に豊かな地下水をもたらす。伯耆町においては丸山地区で「地蔵滝の泉」となって、1日19万4000t自噴し、地域に水の恵みを与えている。

地蔵滝の泉は鳥取県が平成2（1990）年に選定した「因伯の名水」にも選ばれた。年間を通じて水温が11℃に保たれ、町営の八郷簡易水道（370世帯）の水源になっているほか、約200haの灌漑用水にも利用され、この水で育まれた八郷米は良質米として高い評価を得ている。

地蔵滝の泉の場所はかつて森林に覆われ薄暗かった。5mほどの高さの滝があったが、昭和34（1959）年の伊勢湾台風による豪雨で崩壊し、今はない。水は付近の各所から自噴し佐陀川となってとうとうと流れ、川下では川遊びができるようになっている。泉のほとりに祀られている地蔵は別名「芹川地蔵」ともいわれ、辺りにはセリが群生し、ふれあいの水辺として親しまれている。

百選に選ばれた大きな理由のひとつが地元による水質保全活動だ。丸山生産森林組合が50年にわたり植林、間伐、下草刈り、枝打ち等、豊かな森ときれいな水を守る活動を行い、現在では住民、周辺企業、学校、行政が一体となって取り組んでいることが評価された。

百選選定を機に「地蔵滝の泉を守る会」が結成された。現地を案内してくれた会長の小西護郎氏（前森林組合長）（82）は、「東京で行われた百選認定書交付式に町の代表で出席し、全国で多くの中から選ばれたことに感激した。これまで以上に力を入れて水を守っていきたいと思った」と大山桜の植林活動を語った。

伊勢湾台風の大水で崩れる前の地蔵滝（昭和34(1959)年以前）

この活動は、泉の周辺に地元ゆかりの大山桜の植林を計画、桜のオーナーを1本1万円で募集したもの。遠くは東京からも参加、１４０人２５０本が集まった。枝にオーナーの名札を付けて植樹、オーナーは毎年6月に草刈等の管理作業に集まってくる。小西会長は泉の周辺を桜が咲く名水公園にしたいと力説する。

また、水源涵養効果が大きいブナを育成する会も組織され、小・中学生も参加した地域一体の植林活動を実施している。

町は観光客に分かるように道路に案内板、泉に名水説明板を設置し、自動車が乗り入れやすいように整地を行って協力した。「自然のままで名水を楽しむのがいいと思う。地元の人々が自発的に活動しているので期待している。できるだけ協力したい」（影山孝宏産業課農林室長）と積極支援の考えだ。

また、湧水の水質検査を定期的に実施している。旧厚生省のおいしい水の要件に当てはまり、さらにナトリウム、カリウムなどのミネラル分を含むという折紙付きの水である。

【アクセス】

鉄道：ＪＲ伯備線「岸本駅」下車→バス：（15分）下車→徒歩５分

平成23（２０１１）年7月28日付掲載

地蔵滝の泉

29 沼袋の水（青森県十和田市）

「杉林」から「広葉樹」へ

飲めない水から飲める水へ

青森県の中央にそびえる八甲田山系に降った雨や雪が地下水となり、長い年月を経て十和田市の郊外にある赤沼地区の大沼神社周辺に湧き出ているのが沼袋の名水だ。

この名水は神秘に満ちている。しばらく佇んでいるとなお一層その雰囲気に引き込まれる。明治初期頃までは「湧水沼」が神託の「占い場」として近隣近在27カ村の崇拝信仰の霊場であった。現在でも、正月になると参拝人が訪れ、半紙に米と小銭を入れて折りたたんだ「おさんご」を投げ入れる。開いたり流れたりせずに沈むと願い事がかなうといわれる神秘的な聖地でもある。

この名所も、付近の住宅地の下水道整備が未着手で、生活雑排水やし尿は宅地内で地下浸透、側溝（そくこう）の雨水も上流部から湧水池に流れ込み、水の汚染が進行した。

神社氏子の共有地である湧水池一帯はうっそうとした薄暗い杉林であった。杉の針葉樹から広葉樹に植樹替えをすることによって腐葉土が培われ、それによって広葉樹の持つ保水力、浄化力で湧水を活性化させることができるとの専門家の勧めもあり、それを町内会が了解した。古くか

「おさんご」を投げ入れる湧水沼

ら赤沼集落の住民を中心に保全活動は行われていたが、十和田市名水保全対策協議会（竹島勝昭会長）が設立された後は、赤沼集落、協議会、市が協力し合い、湧水を次代へ守り伝える市民運動を展開、広く賛同者を募り、ボランティアによる市民参加型の環境づくりを開始し、平成12（2000）年度に約100本の杉を伐採し、13（2001）年度には春と秋の2回、14、15（2002、2003）年度には1回に分けて、ブナ、ヤマザクラ、ヤマボウシ、コナラなどを植樹した。

毎年隔月に行っている赤沼の水質検査では、平成14、15（2002、2003）年度には大腸菌は陽性であったが19（2007）年度以降は陰性の状態を維持している。未だ下水道が整備されていない中で、広葉樹への植樹替えも役立っているものと思われる。

今年も観桜会や琴の演奏を聴きながらの野点等を企画し、市民に親しまれる「沼袋の水」公園を目指している。

【アクセス】

鉄道：十和田観光電鉄「十和田市駅」下車↓バス：十和田観光電鉄（焼山方面）「八郷（はちごう）」下車↓徒歩10分

平成23（2011）年8月29日付掲載

沼袋占場湧水

30 大慈清水・青龍水（岩手県盛岡市）

市民の暮らしの中に生きる清水

城下町盛岡に湧く清水の中でも特に名水と名高い3つの清水（大慈寺清水、青龍清水、御田屋清水）を「盛岡三清水」と呼んでいる。その中でも今回は盛岡市鉈屋町にある「大慈清水・青龍水」を紹介する。

もとは原敬の墓所である大慈寺から湧き出す水を、地下に木樋を通して配水した共同井戸であり、1日の湧水量は67t。藩政時代から利用されているとのことで、明治8（1875）年の寄進者名簿も残されている。

その後、大慈清水は昭和2（1927）年、青龍水は昭和7（1932）年に利用者が組合を作り、飲料水・生活用水として活用するために、井戸周辺の住民による用水組合が定期的に井戸の清掃・管理を行っており、清浄が保たれている。

ここで水を利用するにあたっては、吐水井から順に1番井戸は飲み水、2番井戸は米磨ぎ水、3番井戸は洗い物、4番井戸は足洗いと井戸の用途が定められており、市の水道が整備された現在でも、天然の地下水を求める多くの市民に利用され賑わいを見せている。

吐水井から右に1、2、3、4番井戸の順に流れる「大慈清水・青龍水」

現在はポンプアップされているが、当然塩素殺菌などもないので、わざわざ名水を汲みにくる遠来の人も多い。「酒の仕込みにも使うおいしい水です」とは、地元の人の自慢である。

市民とともに歴史を刻んできた2つの清水であるが、忘れてはならないのがその名水が流れるまち鉈屋町である。

その昔、京都から豪商鉈屋長清が盛岡にやってきて、鉈屋山菩提院（やおくざんぼだいいん）という寺を建てたのが町名の起こりの鉈屋町。鉈屋町は城下町の風情を色濃く残しており、盛岡市ではこれらの町並みを保存活用するための「まちなみ景観づくり」プロジェクトと題した、地域住民および市民団体等と市が一体となった地域活性化への取り組みを進めている。

さらに平成15（2003）年には地域住民や建築家が中心となり特定営利活動法人「盛

岡まち並み塾」が発足され、先人たちが育んできた盛岡の歴史的な町並みの保存と普及のための活動が始まっている。

この界隈には、水の恵みを受けて製造をしている造り酒屋や、豆腐屋、こんにゃく屋、麹屋、そば屋なども多く存在し、清水を利用したイベントが定期的に開催されており、まさに、「水のまち・盛岡」をこの鉈屋町から広げていくということである。

【アクセス】

鉄道：ＪＲ東北本線「盛岡駅」下車↓バス：（仙北町経由矢巾営業所行き）「南大通り二丁目」下車↓徒歩３分

平成23（２０１１）年９月26日付掲載

市内の自然景観をつくり出す「中津川」

31 中津川綱取ダム下流（岩手県盛岡市）

市街地に溶け込む〝稀有な名水〟

〝名水紀行〟も回を重ね全国100カ所のうちほぼ3分の1の紹介を終えた。今回は東北でも有数の都市・盛岡市。その市内に位置する「中津川綱取ダム下流」の名水を探訪、紹介する。なお前回の名水紀行ではこれも盛岡市内の『大慈清水・青龍水』を紹介した。この名水は湧水。一方、今回の「中津川綱取ダム下流」は河川水だが、同一市内2カ所の名水の認定を受けるケースは全国的にも数少ない。それは恵まれた自然、そしてその環境を地元をはじめ関係者による絶え間のない名水づくりへの努力があって実現したものといえそうだ。

盛岡市は元来、周辺に雫石、北上、中津川という3大河川、また市内には95の中小河川を持つという、自然と水環境に恵まれた都市である。5年ほど前には市の活性化策として「ブランド推進課」という新組織を立ち上げ、その施策推進の4本柱の1本に「もりおかの水の恵み」を掲げ、盛岡ブランドに据えるほど水の価値と期待度は高い。

名水「中津川綱取ダム下流」は市内の中心部に位置する。その水源は北上山系の阿部館山といわれ、途上の「綱取ダム」を経て市内に注ぎ、さらに下流で雫石、北上川と合流する。河川流域

盛岡市内中心部で“潤い”を奏でる中津川

には伏流水を利用した造り酒屋、銀行、商店、さらに市役所が隣接、河川に接して散歩道・サイクリングロードも整備され、「産業から市民の憩いの場」として中津川は多様な役割を演じている。

市民に親しまれ、愛される川として定着しているが、中津川がもたらす恩恵に市民は古くから応えてきた。その事例のひとつ。延元元（１３３６）年に後村上天皇からの恩賞として京都・鴨川橋の擬宝珠（ぎぼし）の使用が許可されたが、その擬宝珠が現在も中津川に架かる橋欄干に刻まれている。恐らく延元元（１３３６）年以来から受け継がれてきた擬宝珠は市民の手で守られて中津川とともに歩み続けてきたものであろう。定期的に行われる河川・橋の清掃（小・中学生が中心）では、擬宝珠をはじめ中津川の水が使われ磨きがかけられるという伝統が今なお継続されている。
　盛岡市は岩手県の県庁所在地。だが東北地方では最後（昭和9（1934）年）の上水道事業着手都市だという。それだけ水環境に恵まれていたということかもしれない。しかしこの恵まれた環境と自然を保つために6年ほど前には県の認可NPO法人「もりおか中津川の会」が発足、また平成14（2002）年には上下水道局（昨年(※)水道局と下水道部局が総合）が「水道水源保護条例」を施行するなど、環境用水保全へ行政・市民が一体となった体制強化策が具体化してきた。

【アクセス】
鉄道：JR東北本線「盛岡駅」下車→徒歩10分で北上川合流部

※平成23（2011）年10月31日付掲載

中津川に架かる上の橋。その欄干に取り付けられた擬宝珠＝右手前

32 馬瀬川上流（岐阜県下呂市）

清流が馬瀬の村を興す

岐阜県下呂市を流れる馬瀬川は、岐阜県高山市(旧清見村龍ヶ峰)に源を発し、下呂市を流れ、飛騨川に合流する木曽川水系の一級河川である。この馬瀬川の清流と温泉を求めて17万人余もの観光客が訪れるなど大きな観光資源となっている。さらに名古屋市を含む下流都市の多様な水需要を賄い、東海3県の水瓶といわれる「岩屋ダム」の重要な水源となっている。

馬瀬川はこの地区に住む人にとっても生活に密着しその一部でもある。簡易水道が平成8（1996）年に完成するまでは、生活用水は馬瀬川や渓流から流れてくる水を使っていた。今は減ってしまったが、木材をくり抜いた水槽（水舟）に渓流から水を引き入れ貯留し、飲料水や米・野菜洗いさらに雑用水として使った後、沈殿させて川に流していた。

馬瀬には今でも人工のプールはない。夏休み期間中、父兄が川に「遊泳場」をつくり、交代で川当番を決めて子供たちの安全を守っている。遊泳場が上級生から下級生までが一緒に遊ぶ大切なコミュニケーションの場にもなっている。馬瀬川にはアユ、イワナ、ウグイ、カジカ、アジメドジョウなど12種類の渓流魚が生息している。その渓流魚も生活に欠かせない。またこの地区は幕府の天領として木材の生産地でもあった。切り出された木材は筏（いかだ）を組んで川の流れを利用し、名古屋方面に運ばれていた。このように日常生活に欠かせない馬瀬川。その清流を守ることの大切さを集落の住民ひとりひとりが身につけている。

馬瀬川の環境保全活動には川の清掃作業、周辺の草刈、修景活動など地域を上げて取り組んでいる。さらに馬瀬川の景観を楽しむ観光客や釣り人が「もう一度訪ねてみたい村」にするために、各集落から景色ポイント（馬瀬十景）を選定し、その清流の保全とトイレ（17カ所）などの整備を積極的に推進するとともに各家庭でも合併浄化槽の普及促進に努めている。そのような努力から河川のＢＯＤ値は基準値以下の０・５ＰＰＭ以下

馬瀬十景出会橋周辺「馬瀬川上」

を維持している。

全国で最初に取り組んだ特筆すべき周辺環境保全活動もある。それは流域の森林の水源涵養機能を高めることを目的とした水源涵養造成基金の創設や、渓流魚の生息環境を守るために魚の生息環境に優しい河岸林形成する地域の保全・植栽・森林の手入れを行う「渓流魚付き保全林」の指定（平成15（2003）年）などがある。

来年(※)の国体は『2012ぎふ清流国体』をテーマに岐阜で開催される。成功を祈る。

【アクセス】
鉄道：JR高山線「飛騨萩原駅」下車↓バス：濃飛バス（20分）「馬瀬川振興事務所前」下車
車：中央自動車道「中津川IC」↓約1時間30分

※平成23（2011）年11月21日付掲載

馬瀬川遊泳場

33 加賀野八幡神社井戸（岐阜県大垣市）

ハリンコが泳ぎ、ホタルが舞う水都

東に信長の居城、岐阜城、西に関ヶ原古戦場、その中間に位置して戦国時代の要所でもあった大垣市は、一方で木曽・長良・揖斐（いび）の木曽三川の地下水脈が西に流れて、ぶつかり合流する。豊かな地下水を擁する「水の都」である。夏は冷たく冬は温かく感じ、しかも良質で豊富なこの地下水はしばしば地表へと噴き出して、大垣の自噴水としてこの地域に住む人々の生活を潤してきた。

市内には16カ所に及ぶ自噴井や湧水の湧く井戸、池等が整備されており、そこは誰でもが自由に水が汲めるようにと配慮され、管理がなされている。その中で、ここ加賀野八幡神社井戸は、当初は神社の泉水の水源として明治7（1874）年に掘られた井戸がその後も残り、昭和61（1986）年には岐阜県の名水に認定され、のちに平成の名水百選にも選定された。

井戸は、口径150㎜、深さ136ｍの深井戸であり、平均水温14～15℃、濁度0・1未満、pH7・5、やや甘みを帯びたおいしい水が、毎分約400ℓこんこんと湧き出している。硬度の表示はなかったが、近隣の春日神社の自噴水は38度と軟水であることから、同様と推定される。

ハリヨが生息する清澄な水が次代へ受け継がれていく

市内はもちろん、県外からも多くの人たちが、この名水を求めて朝夕を問わず足を運ぶという。

加賀野名水保存会の会員により清掃等の維持管理活動がなされる一方で、「大垣市の魚」に指定されている、清流にしか住まない、地元ではハリンコと呼ばれる「ハリヨ」という淡水魚を神社西の水路に放流し、保護している。

ハリヨはトゲウオ科イトヨ属で、体長5㎝ほど、背中、お腹、尻ビレの前にトゲがあり、ウロコを持たない魚で、何よりもその生育条件が水温15℃前後の湧水水域で、営巣地として適した環境条件を必要とする。この条件にかなう地域は岐阜県と滋賀県に限られるという。県やそれぞれの市町では天然記念物に指定されており、また環境省により絶滅危惧ⅠA類に選定されている。

保存会会長の加藤慶一氏によると、昔は、この地方の地下水の湧き出る地域の至るところでハリヨが生息していたが、高度成長時代の地下水の汲み上げ過多などで地下水の枯渇が進み、生息範囲が狭められて絶滅の危機が訪れた。その時三重大学で淡水魚研究をしていた森誠一氏が、加賀野八幡神社のハリヨを昭和58（１９８３）年に三重県藤原町に移して保護し、平成元（１９８９）年３月25日に約70匹を里帰りさせたそうだ。そして「私が子供の時に見ていた景色を、今の子供たちにも伝えたい」、そんな熱い思いから、氏は地域の小学校に出向き、子供たちと一緒にビオトープを作り、ハリヨを育て、ホタルの育て方も教えているという。

市が目標とする、「ハリンコが泳ぎ、ホタルが舞う水の都大垣」は、今、その実現に向けて確実に次世代へと継承されている。

【アクセス】
鉄道：ＪＲ東海道本線「大垣駅」下車→名阪近鉄バスソフトピア線「ソフトピアジャパン」下車→徒歩８分

平成23（２０１１）年12月26日付掲載

加賀野八幡神社井戸の名水を求め多くの人が足を運ぶ

34 和良川（岐阜県郡上市）

日本一美味しいアユを育む

和良川は岐阜県のほぼ真ん中に位置する木曽川上流の清流。特別天然記念物のオオサンショウウオが生息する。地域住民が河川清掃を実施し、環境教育にも力を入れている。良質の珪藻が育つため、和良川のアユは形、味、香りともに好評で、日本一おいしいとの評価を受けている。

和良川の水は約１２０haの水田を潤し、町の中を走る用水路は防火用水や野菜の洗い場としても利用されている。和良川上流部にある「蛇穴」からの湧水は酒造り（地酒「福和良泉」）やわさび栽培にも利用されている。

郡上市和良町は町の95％が森林で豊かな自然が残る。山々から流れ出る豊富できれいな水により、アマゴやヨシノボリなどの魚類が数多く生息する。アマゴの養殖が民間で行われたのは和良川が最初で、現在も盛んに行われているという。

特に、和良川で育つアユは最高。全国各地のアユを食べ比べる「利き鮎会」で、過去2回最も味が良いとされるグランプリに輝いている。郡上市和良振興事務所の井森静副所長らは「ほのかな香りがあり、甘みのある味」と評し、和良川のアユは日本一おいしいと胸を張る。

清流「和良川」

水質保全活動は、5月は建設業協会、漁協、住民有志、8月には自治会連合会による河川内のごみ拾いを実施。NPO法人「はざこ」は希少動植物の調査・保護、特にオオサンショウウオの調査と自然体験および環境教育事業を行っている。はざこはオオサンショウウオのこの地域の別称。最近の調査では約240匹が確認され、夏休みには子供らを対象に観察会が開催されている。

郷土史に詳しい元教員の酒井銀之助さんを訪ねた。ゲートボールの練習中であったが、快く応じてくれた。蛇穴洞窟の乙姫伝説について「昔、大神楽に使う鼓が足りないので、蛇穴の竜宮に住んでいた乙姫にお願いしたら貸してくれた。後で1個だけ返さなかった。そしたら大嵐が起き、蛇穴から竜が鼓をくわえて天に昇っていってしまった。それから鼓を貸してくれなくなった」ということだ。

蛇穴のそばには小さな祠がある。地区住民が管理清掃し、地区の白山神社の祭礼時には祠が飾られ、蛇穴の方に向けて神楽が奉納される。この地を訪れたのは大雨の後だったので、蛇穴洞窟からはごうごうと水が流れ出していた。酒井さんによると、蛇穴の水は堀越峠の鍾乳洞から地下を流れてきているが、まだ中に入って調べた者はいないという。

和良川は比較的河床が高く川辺に近づきやすいことから、河川敷を利用し遊歩道等が整備されているほか、オートキャンプ場もあり、多くの人々で賑わっている。

【アクセス】
鉄道：JR高山本線「飛騨金山駅」下車↓バス：金山コミュニティバス（祖師野線）（30分）「和良振興事務所前」下車

平成24（2012）年1月30日付掲載

乙姫伝説が残っている蛇穴

35 達目洞、逆川上流（岐阜県岐阜市）

市民と行政が守った豊かな生態系

天下統一を目指した織田信長が拠点とした岐阜城をはじめ、岐阜市内には数々の遺跡遺構が残る。同時に長良川の鵜飼いといった観光資源にもこと欠かない。そんな中で、岐阜城を抱える金華山東山麓に位置する達目洞は地味な存在だった。

その達目洞が平成20（２００８）年6月、環境省の「平成の名水百選」に選ばれた。金華山の湧水の約3分の1に当たる日量２４６ｔを集め、水温は年間を通して15～17℃と安定している。ヒルムシロ、カラスビシャク、ヨメナ、キツネノカミソリと植生も豊かで、モリアオガエル、ヌマガエル、オオカワトンボ、コクロオバホタル、マムシの姿もめずらしくない。９月初めに木道を巡った我々も、オニヤンマやイトトンボを見ることができた。

達目洞の象徴でもあり、保全運動のきっかけとなったヒメコウホネも可憐な花を水上にのぞかせていた。ヒメコウホネは地下茎で増えていく。白い骨のように見えることから牧野富太郎博士が命名したという。日本固有のもので、西日本のヒメコウホネとは種類が異なり、葉が小さく切り込みが深い。開花時期は４～10月頃で１週間ほど咲き続ける。花が咲き終え実をつけているも

達目洞の象徴「ヒメコウホネ」

のもあった。

ごくあたりまえの佇まいを見せるこの里山が脚光を浴びるまでには、市民と行政との環境保護を巡って時には反目とせめぎ合い、協力と協働の歴史があった。

約20年前に、地元の「自然観察会」によって、環境省のレッドデータブックで絶滅危惧Ⅱ類に指定されるヒメコウホネの生息が確認され、保全活動が始まった。活動が軌道に乗りかけた平成10（１９９８）年に達目洞を通る岐阜環状線の計画が持ち上がった。計画通り建設されると、一部は埋め立てられ環境は破壊される。市民は計画に厳しい注文をつけた。最初は渋った行政も、道路を高架とし、橋脚間は広げ、排水は達目洞を避ける、などの計画変更を飲んだ。平成14（２００２）年には「達目洞自然の会」が正式に発足した。

平成19（２００７）年には運動の成果ともいえる岐阜市「自然環境の保全に関する条例」（平成16（２００４）年制定）によって、ヒメコウホネは「貴重野生動植物種」に指定され、達目洞と一体の逆川の１１２ｍが「達目洞ヒメコウホネ特別保全地区」に指定された。

自然の会の会員は幼稚園児から70歳代まで70人余。ヒメコウホネの保全だけでなく、里山全体の環境保護活動として多彩な活動を展開している。自然観察会、自生地の管理、外来植物の除去を実施、５年前からは所有者から休耕田を借り、不耕起栽培によって米作りを始めた。昨年は６俵約３６０㎏を収穫し、水田の持ち主にお礼として提供したほか、会員にも購入してもらった。岐阜市からの委託金を含め約50万円の年間予算の貴重な財源となっている。

この活動は国際交流の機会も生み出した。平成21（２００９）年７月に岐阜で開かれた日本・オーストリア21世紀委員会の環境保護活動視察で、達目洞を訪れた日墺両国大使がフォローアップ事業としてオーストリア訪問を提案、翌年８月、会員親子３組９人がウィーンの環境保護活動を視察した。愛くるしい花の保全から始まった活動は大きな成果を生んでいる。

【アクセス】
鉄道：ＪＲ東海本線「岐阜駅」→岐阜バス「日野鈴虫」「日野本郷」のいずれかで下車→徒歩約15分

平成24（２０１２）年２月27日付掲載

遊歩道（木道）

36 木曽川源流の里　水木沢（長野県木曽郡木祖村）

時を経て育まれた豊かな森と水

長野県木曽郡木祖村は長野・岐阜・愛知・三重の４県、全長２２９㎞の木曽川の水が生まれる「水の始発駅」だ。人口３３００人、周囲を標高２０００ｍ級の山々に囲まれた木祖村の藪原地区は、江戸時代には中山道から飛騨方面へ分かれる「藪原宿」として栄えたところである。

取材チームはＪＲ藪原駅前の旅館に前泊し、早朝、裏山の沢から引いている甘露な湧水をいただく。木祖村商工観光課課長・圃中登志彦氏の案内で水木沢の現地に向かう。国道19号線藪原交差点から県道26号を上高地方面へ10㎞、案内板を左折、林道２㎞で水木沢に到着する。水木沢は笹川の支流のひとつで、木祖村の西側の大笹沢山（２０４０ｍ）の稜線から流れ出す長さ２・５㎞の小さな流れだ。遊歩道入り口には駐車場、トイレ、管理棟が整備されている。

水木沢を守る会会長で水木沢天然林管理人の清水勝氏から遊歩道建設と補修、水源の清掃などの苦労話を聞きながら遊歩道入り口へ。澄んだ川の流れにイワナの魚影を眺めつつ、本流に架かる橋を渡り遊歩道を登り始める。左側は林内唯一のヒノキの人工林、右側は樹齢を重ねた神秘的なヒノキ、ブナ、サワラの天然林を対比しながら歩く。森一番のブナの巨木の下を過ぎると「下の分岐」に至り、右へは巨大ヒノキやかつて（昭和8～28（1933～1953）年）大量の木材を運搬したことが偲ばれる森林鉄道軌道跡が残る「太古の森コース」、左へは樹齢550年の天を突かんばかりの威厳を持った大サワラがそびえ、その根元から神秘的な水が湧き出ている「原始の森コース」へ。どちらのコースも約1時間で回ることができる。太古の姿をとどめる森は、まさに自然の宝庫だ。

太古の姿をとどめる

2本の遊歩道は子供から年配者まで安全に歩けるように整備されている。管理棟には携帯用、林内には所どころに熊除けの鈴が設置されていて、鈴を鳴らしながらの散策も楽しい。

木祖村は水を絆に上下流域の交流を推進し、愛知県企業庁などの水道事業者や一宮市等の行政組織、NPOや民間団体と幅広い活動を行っている。また、水の大切さと森林の役割を認識し、源流地域を理解してもらう活動も積極的に展開している。水木沢に生い茂る木々の98％が樹齢２００年を超えるヒノキ、サワラ、ネズコの針葉樹林やブナ、ナラ、トチ等の広葉樹林でほとんど手付かずの混交林である。一帯は82haの国有林で、水源涵養保安林に指定され、平成３（１９９１）年に木祖村と当時の長野森林管理局（現中部森林管理署）と30年間の保存協定を締結し、「郷土の森」として公開された。水木沢一帯の保全活動として、自然同好会では動植物の生態調査や四季を通じた写真撮影会、森林管理署を主体に樹木の根を保護するための歩道にウッドチップを敷く活動、水と森林の学習支援ができる案内人の養成や講習会等に取り組んでいる。それらの効果で来訪者も年々増加し、今では７～８０００人が訪れている。

【アクセス】

鉄道：ＪＲ中央本線「藪原駅」下車→バス：（小木曽行き）「細島駅」下車→徒歩40分

平成24（２０１２）年４月12日付掲載

木曽川の水の始発駅

37 森林セラピー基地・西沢渓谷（山梨県山梨市）

癒しの霊気を発する深山渓谷

甲武信ヶ岳は甲州、武州、信州にまたがる秩父山系の名山である。明治・大正・昭和と活躍した英文学者であり登山家でもあった田部重治はこよなく秩父の山々を愛し、いく度となく足を運んでいる。特に甲武信ヶ岳の西方にそびえる国師ヶ岳・奥千丈ヶ岳を源流とする西沢渓谷は殊のほかお気に入りだったようで、その著「山と渓谷」所収の紀行文「笛吹川を溯る」は行間から作者の感動が直に伝わってくる。彼の言葉を借りれば、「秩父の山の美はむしろ渓谷にある。そしてこれほど壮絶な、これほど潤いを有する渓谷を、何処に見出すことができるだろうか」と絶賛している。確かに深い木立の中を笛吹川の急流が音を立てて迸り、あるところは滝となって一段と激しく、またあるところは瀞となって穏やかになり、その変化がいかにも自然の妙だ。滝壷をのぞき込めばコバルトブルーの水面の美しさに思わず引き込まれそうだ。

西沢渓谷は、森林浴の森百選、日本の滝百選、新日本観光地百選、水源の森百選に選ばれており毎年多くの観光客が訪れている。昔は一部の登山家しか入れなかったが、渓谷の入り口で店を構える「不動小屋」の先代故岡部重雄氏が、昭和37（1962）年に将来の村（旧三富村）の発

コバルトブルーの水面が美しい

展を考え、有志を募って人力で開削を進め3年掛かりで遊歩道を整備したことにより、多くの人が立ち入ることができるようになった。急斜面に道をつくり、岩場を穿ち、相当難儀をしたものと思われ、その情熱と努力に敬意を払いたい。渓谷の中に車では入れないが、徒歩で一周4時間のコースは渓谷の醍醐味を存分に味わうことができる。森の香り成分フィトンチッドと滝の発するマイナスイオンは疲れた心と身体を癒し、活力を与えてくれる。平成19（2007）年に森林セラピー基地の認定を受けた。

西沢渓谷を源流域とする笛吹川は過去に何度か洪水の災禍をもたらしてきた。笛を吹いて洪水で行方不明になった母親を捜し求めた少年の故事があるほどである。しかし今では上流にダムもでき、清澄な水は飲料水をはじめ、当地特産の桃、ぶどうなどの果樹園用水としても利用されている。環境保全活動も活発で、行政と住民が一体となって年4回の清掃、年2回の遊歩道の整備などに取り組んでいる。また山梨市役所と観光協会の女性職員が観光PRも兼ねた清掃活動を実施しているのはユニークな例かと思う。さらに、地元山梨市と隣接する秩父市、川上村の3自治体が源流地域の自然保護と環境保全に努めるべく甲武信源流サミットECOフェスタを開催している。

この渓谷がいつまでも原始のままであってほしいと願わずにはいられない。自然を愛する人々が季節を問わず訪れることだろう。

【アクセス】
鉄道：JR中央本線「山梨市駅」下車↓
バス：市営バス「西沢渓谷入口」下車

平成24（2012）年4月30日付掲載

笛吹川の源流域の西沢渓谷

38 湧玉池・神田川（静岡県富士宮市）

霊峰富士の恵みの湧水

富士山の西麓に位置する富士宮市。富士山に降った雨や雪が溶岩にしみ込み、湧玉池に湧き出て神田川となって流れる。四季を通じて水温は13℃、湧水量は1日20万ｔと豊富で良好な水質を保っている。市民の憩いの場として親しまれ、その水は地元の懸命なる保全活動によって守られている。

湧玉池は駿河の一の宮である富士山本宮浅間大社の境内にあり、国の特別天然記念物に指定（昭和27（１９５２）年）されている。バイカモなどの貴重な植物が生え、神田川には市街地としてはめずらしいカジカが生息している。

漁業協同組合は地域特産のニジマスを放流、昭和40年代後半から定期的な清掃を開始し、現在年４回神田川に入ってごみ除去等を行っている。

また、浅間大社青年会は湧玉池に生育するバイカモの保全を目的に、外来種のコカダナモ等の除去およびごみ拾いを毎年６月に実施している。平成21（２００９）年からは市の呼び掛けで、６月に市民の各種団体が一体となり周辺も含め一斉清掃をしている。

富士山の伏流水が湧き出る湧玉池

毎年6月30日深夜から富士山山開き神事前の伝統的な行事である禊が湧玉池で行われる。8月に「富士山御神火まつり」があり、神輿10基が神田川を遡る。3月には60回を超える歴史があるマス釣り大会が神田川で開催される。

神田川の親水公園では付近の小・中学校の生徒等を対象に「水生生物教室」が開かれ、きれいな水に生息するカゲロウなど、多くの生物を観察することができる。

きれいな水が湧き出る湧玉池だが、富士宮市役所の清(せい)靖雄環境森林課係長は「かつて上流の製紙工場等の地下水汲み上げで水量が減少、水が淀んでアオミドロが発生、またトリクロロエチレン等の発ガン性物質が検出されたこともあった」という。その後、浚渫(しゅんせつ)等の清掃活動で水はきれいになった。清さんは案内の途中、神田川の水中に咲く可憐なバイカモをすくって見せてくれた。外来種は除去してもなかなかなくならないがそれでもバイカモが育っているという。

浅間大社権禰宜（ごんねぎ）の鈴木雅史さんは境内を案内してくれた。池の水源がある岩の上に建つ水屋神社で、鈴木さんは溶岩のすき間から小さな気泡を立てながら湧き出る水を指し「我々は富士山から自然の恵みを受けている。これを守っていかなければならない」と強調した。

水屋神社の中には霊水が湧く井戸があり、そばの水汲み場にポンプアップ、竹筒の穴から水が流れ出ている。飲んでみるとまろやかでおいしい。しかし、「飲用する場合は天然水なので煮沸して」と注意書き。この水汲み場に水を汲みに来る人は多い。

大社参道の近くのお宮横丁にはＢ１グランプリで有名になった「富士宮やきそば」の店もあり、多くの観光客で賑わっていた。料理の水は敷地内の井戸水で、客は自由に飲むことができる。

訪れたのは新緑の時期で、緑と池に架かる橋の欄干と大鳥居の朱色のコントラストが鮮やかで印象的であった。

【アクセス】

鉄道：ＪＲ身延線「富士宮駅」下車↓徒歩10分

平成24（２０１２）年5月28日付掲載

神田川ふれあい広場

39 源兵衛川（静岡県三島市）

街の中にせせらぎ

東海道の宿場町として栄えてきた情緒ある三島市。富士山からの伏流水が湧水となって街を流れる。その清流は人の心の豊かさを育んできた。湧水はまろやかな軟水で、ミネラル分も適度でおいしい水だ。

源兵衛川はＪＲ三島駅南口に隣接し、国の名勝に指定されている市立公園「楽寿園」内の湧水池「小浜池」を水源とする農業用水路。戦国時代につくられ、開発者の名から付けられた。かつて豊富だった湧水量は、昭和30年代中頃から上流域での地下水汲み上げや都市化で激減し始めた。雑排水の流入やごみの投棄も加わり、町の宝物である源兵衛川はどぶ川と化してしまった。

この危機的な環境悪化から原風景を復活させようと、川沿いの市民の熱心な呼び掛けにより行政、地元企業などが地域協働で浄化に取り組んだ。用水路清掃、下水道整備、地元企業による冷却水供給により美しい水辺環境を取り戻すことができた。

三島ゆうすい会会長・塚田冷子さん（77）は、ご主人の遺志を引き継ぎ、平成９（１９９７）年から会長を続けている。自宅にある手扱ぎ（てび）ポンプや水琴窟、ホタルの幼虫の飼育設備などの案

多くの市民が定期的に清掃する源兵衛川

内をしてくれた後、市内の中心を流れる清流だった昭和初期の写真パネルを取り出し見せてくれた。

桜川で水遊びをする子供たち、釣りを楽しんでいる親子、岸辺に川端といわれている少し張り出しをつくりそこを足場に水汲みや洗い物などをしている主婦たちが写っていた。そんな原風景を復活させたいと、日夜努力している姿に頭が下がる。

多数の市民が参加する定期的な河川清掃により、きれいで冷たい水でしか育たない可憐な白い花をつけるミシマバイカモも増えている。「三島ホタルの会」によるホタルの幼虫の飼育と放流の努力でホタルも繁殖するようになり、街の中にゲンジホタルが舞うめずらしい川になるまでに環境が改善されつつある。ほかにもカワセミやホトケドジョウなど都市部では極めてめずらしい生物の生息地にもなっている。

全長1・5㎞の源兵衛川は8カ所の水辺ゾーンから成り立っている。①小浜池、②溶岩ブロックが置かれた子供たちの水遊び場、③神社と清流が一体となった親水空間、④飛び石が整備され人と川の出会い地、⑤「三島ゆうすい会」が中心となりミシマバイカモを育成している湧水公園、⑥川沿いのさくらなどの植栽、⑦イギリスの庭園風に復元された水際の環境、⑧稲作のため湧水を温める中郷温水池の8ゾーンだ。冬には逆さ富士が映る水面にカモが群れる市民憩いの場である。

三島市役所商工観光課観光政策室主査・早川大紀氏は、〝環境は人づくり〟をキーワードに環境教育や観光客誘致に力を入れ、賑わいの街を創出していきたいと語る。

毎年8月に行われる三島市ウォークイベント「街中がせせらぎウォークぶらり～」は県内外から2500人が訪れるが、その中でも源兵衛川は人気スポットだそうだ。今年(※)は8月26日開催の予定である。

【アクセス】

鉄道：ＪＲ東海道本線「三島駅」南口下車↓徒歩10分

※平成24（2012）年6月28日付掲載

希少なミシマバイカモも増えている

40 安倍川（静岡県静岡市）

安倍川が育む清流の都・静岡市

一級河川安倍川は静岡県の「大谷崩れ」に源を発し、本流・支流ともにダムがなく、勾配25
0分の1、長さ51㎞の日本屈指の急流河川である。流域住民は古くから安倍川の恵みを享受し、あるいは洪水や土砂の脅威を克服しながら川との悠久の歴史を刻んできた。

そして現在、大都市静岡市を貫流するにもかかわらず、水質はBOD0・5ppm以下、TOC平均0・5ppmで日本一の清流を誇っている。安倍川流域には伏流水が大量に存在しており、葵区牛妻地区では日に最大約15万1500㎥が取水され、上水・工水に利用されている。水道水はミネラル分も豊富で、硬度80前後のおいしい水である。

静岡市環境創造部清流の都創造課統括主幹の田嶋太氏から安倍川水系安倍川起点（湯の島）まで案内を受ける。川沿いの山々に昨年の台風15号や今年の5号の豪雨による山肌の爪痕を見ながら、沿道に広がるわさび田やお茶畑の中に佇む魅力満点のわらびの温泉、梅ケ島キャンプ場、コンヤ温泉、赤水の滝、金山温泉等の「オクシズ」の観光スポットを満喫する。途中の葵区有東木(うとうぎ)地区は〝山葵(わさび)発祥の地〟といわれるだけあって、清流の恵みを受けた山葵田ハウスが点在してい

三段の滝

た。山葵の栽培は約４００年前の慶長年間の時代に始まり、徳川家康公に天下の一品と評価されたといわれている。アルカリ玄武岩の養分をたっぷり含んだ湧水で栽培される〝有東木の山葵〟は辛味の中にほど良い甘みがあり、全国から注目を集めている。有東木山葵の里地区での「わさびアイスクリーム」や、静岡市経営の「黄金の湯」の向かいにある日影沢親水園・魚魚（とと）の里「魚魚亭」で囲炉裏を囲んだ郷土料理〝アマゴの蒲焼き〟とコンニャクは絶品であった。

安倍川の清流を守りきれいなままを次世代に受け渡すことを目的に、地域住民を中心とした「安倍川フォーラム」は、河川清掃、魚の養殖、レジャー客に対する指導を実施、小学生を対象に「アマゴの受精体験」を行い、安倍川に棲む魚の命の大切さについて学習指導を行っている。ほかにも静岡市が実施している「河川環境アドプトプログラム」では市民・事業者・学校

・町内会など73団体が一定区間の河川敷と「縁組」し河川美化ボランティア活動を、「自然環境アドプトプログラム」では安倍川の門屋スポーツ広場付近の河川敷に生息するミヤマシジミ（環境省の絶滅危惧種Ⅱ種に指定されているチョウ）の保護活動を実施している。葵エコサポーターの森本清氏によれば、それらの活動を通して次世代を担う子供たちの河川愛護意識の高揚、河川敷の散乱ごみの抑制、利用者のマナー向上の効果が出てきているという。

同市に環境フロンティア21のメンバーである末松孝一氏（国際竹とんぼ協会会長）より名水紀行特製・竹とんぼが贈られた

自然の豊かさの指標ともなる「市の鳥カワセミ」を市庁舎のベランダでも見かけ、安倍川流域に生息するホタルも年々増えてきているのも市民の環境に対する意識の高まりによる成果と思う。

【アクセス】
鉄道：ＪＲ東海道本線「静岡駅」下車↓バス：安倍線（梅ケ島温泉行き）「梅ケ島温泉入口」下車

平成24（２０１２）年7月30日付掲載

41 大出口泉水（新潟県上越市）

ひんやり冷たく、輝く名水

「大出口泉水」は、新潟県中越沖地震の時に全村民が隣接する長岡市へ避難した山古志村から南西に33㎞、柏崎刈羽原子力発電所から南南西25㎞のところに位置する上越市柿崎区東横山地区の緑豊かな尾神岳の中腹にあり、夏冬を通して一年中豊富な水が涸れることなく湧き出ている。

1日の湧水量は約4000㎥、水温は夏場でも7～8℃、中性から弱アルカリ性を示し、硬度23の軟水で水量・水温・水質ともに文句なしの自慢の名水である。山の斜面から勢いよく溢（あふ）れ出る湧水の周囲は、木立に囲まれ夏でも涼しく、標高350ｍの高台にあって正面には頸城（くびき）平野と日本海のパノラマが一望できる環境となっている。

湧水の周辺環境の自然を保護するため、市では平成元～2（1989～1990）年に大出口公園として整備し、地元の東横山集落が、総出で年3回湧水周辺および水路の草刈・ごみ拾いを行っている。また、適宜降雨に伴い尾神岳から流出した土砂を除去するなど、周辺の環境維持に努めている。

湧水脇に不動明王を祀り、湧水への感謝と変わることのない恵みへの祈願を込めて毎年7月25

大出口泉水の恵みで地域活性化目指す

日に祭事を営んでいる。東横山町内会長の山岸昭一氏の話によると、昭和40（1965）年代から湧水の恵みを受けた夏秋トマトを築地市場に出荷したり、この地を訪れた人々に、湧水で育てられたイワナやニジマスを、多い時には1日1000尾以上を焼いて振る舞ったりしていた。淡水魚の臭みがないおいしい刺身や冷たい湧水を利用した流しそうめんも大変な人気で、夏には高校生のアルバイトもお願いしたくらいであったそうだ。しかし、今は集落の高齢化によりそれらの賑わいはなく、利用されなくなった大出口荘がひっそりと佇んでいた。

最近、集落でこの大出口泉水の恵みを次世代に伝えていきたいと力を入れているのが、自慢の米「大出口泉水棚田米」だ。農薬などは極力使わず有機肥料をふんだんに使用し、田んぼへの水はかけ流しのため夏場でも水温が低く、根がしっかりと成長し、噛めば噛むほどうまみが増すこだわりの希少米だ。
近隣地区もこの大出口泉水に注目している。湧水で練り合わせた山芋そば、酒の仕込み水や今年からこの水を利用して収穫する酒米「越淡麗」で造る酒の生産などで、再び注目を浴びつつある。大出口泉水が地域全体の活性化のシンボルになることを願ってやまない。

【アクセス】
鉄道：JR信越本線「柿崎駅」下車→バス：(黒岩行き)「上中山」下車
車：北陸自動車道「柿崎IC」→約20分（柿崎ダム方面）

平成24（2012）年8月30日付掲載

1年中豊富な水をたたえる大出口泉水

42 つづら淵（愛媛県新居浜市）

名水汲んで若水の神事

つづら淵は商業地と住宅地が混在する市街地にあり、街のオアシスといった感じである。地元住民が淵や周辺の樹木剪定を年2回、除草・清掃・池掃除・花壇整備等を月3回と、保全活動を積極的に実施。正月には若水取りの神事を行って敬い、地域に溶け込んだ存在となっている。

昔から広く飲み水に利用され、昭和53（1978）年に市の史跡に指定されている。毎年1月7日の早朝につづら淵の前で、年男・年女が淵から湧き出る若水を汲んで、1年間の無病息災や五穀豊穣を祈願する行事がある。

つづら淵から若水を樽に汲み、子供たちによって松の枝で飾られた台車で、近くの一宮神社に運ばれ奉納される。かつてこれを「若水取りの神事」といったことから、この辺りを若水町と呼ぶようになった。

古来、この辺り一帯に清水が湧く広く深い淵があり、神竜が住むといわれていた。干天続きの時は、笹ヶ峰八合目にある「日月」という池の神水を汲んでこの淵に投入すると雨を恵んでくれると伝えられている。

祠から名水が湧き出るつづら淵

1日の湧水量は20㎥でそんなに多くはない。水質検査を毎年12月に保健所に依頼して実施、主要項目はすべて水道水質基準に適合するという折紙付きで、水汲み場に掲示している。しかし、そばには「この水は塩素消毒していないので、汲み置きして飲用する場合は生水での利用は避けてください」と注意喚起の立札。水の良さから汲んで持ち帰る人は多い。

50年ほど前まではきれいだったつづら淵だが、一時期環境悪化したことがあった。いつの間にかごみ捨て場のようになり、水も汚れてきた。この様子を見て、町内の有志が昭和50（1975）年に「つづら淵保存会」を結成、浄財を募って淵の55㎡をコンクリートで囲い小さい祠を作り、周辺の清掃活動を始めた。若水取りも復活した。

湧水は汲みやすい高さまでポンプアップし祠の樋に流し、淵に注いでいる。誰でも気軽に水を汲んだり触れることができる。ポンプの電気代等の必要経費は地元の若水自治会が負担。平成15（2003）年には市の公共施設アダプトプログラム（里親制度）に登録され、自治会が愛護活動をしている。

自治会長の白石宗久さんは「若水取りは町の大きい行事です。若水自治会のシンボルで、皆が参加できるから大切に伝えていきたい。観光バス会社からバスツアーの計画をしていると連絡がありましたが、バスを止める場所もないので、来てくださいといえませんでしたので、その辺りの整備を行政にお願いしたい」と市への要望を語っていた。

【アクセス】

鉄道：JR予讃線「新居浜駅」下車→バス：（住友病院前行き）「東町」（8分）下車→徒歩2分

平成24（2012）年9月27日付掲載

若水取りの神事

43 楠井の泉（香川県高松市）

お年寄りが守る「おま泉」

楠井の泉は四国霊場・80番霊場国分寺の南東約2・8㎞、高松自動車道のすぐ下の修験道の霊地にある。その昔、薬師如来が現れ手に持った杖で地面を掘り下げたところ、清らかな水が湧き出したことから、泉のほとりに薬師如来を安置したお堂が建立され、山伏がお守りしていたという言い伝えがあり、かつてこの地に大きな楠の木と薬師堂があったが、焼失した。どんな干ばつでも泉の水は涸れることなく、昭和14（1939）年の大干ばつにもこの地区だけはお米が採れたという。また平成6（1994）年の高松の渇水時、水を求めて車が並んだそうだ。地元ではこの湧水を「おま泉」と呼び、大事にしている。

昭和55（1980）年頃、楠井の地元住民の寄付をもとに湧水周辺の整備を行い、隣に薬師如来を祀ったお堂を建立した。お堂にお参りにきた地元の住民（特にお年寄り）が自然発生的に泉の周りを清掃するようになり、「おま泉の名水を守る会」が結成された。泉の由来を記した石碑も建立された。

年2回の水質検査によれば、水道の水質基準に適合している。清掃用具や検査の費用は地元の

泉のすぐそばにある薬師堂

寄付やお賽銭で賄っており、最近は泉の水を汲みに来る地元以外の方からの寄付も届くことがある。名水を守る会は、平成13（2001）年より県知事から水環境保全推進員として委嘱されている。

楠井の泉は、県から平成4（1992）年に「さぬきの名水」、同12（2000）年に「残したい香川の水環境50選」の指定を受けている。高松自動車道の工事で水が涸れるのではと心配されたが、地下水脈がだいぶ下を流れているようで影響はなかった。1日の湧水量は9・6tあったが、昨年水に臭いがつくようになり、湧水と雨水を分離する工事をしたら半分に減ったという。

「おま泉の名水を30年以上守ってきたのは、95歳の私の母（山崎アサエさん）を筆頭に7人のお年寄りたちです。しかし、会の高齢化が進み、これからどうやって保全活動をしていくか悩んでいます」と話すのは、世話役の山崎敏和さん（66）。高速道路の工事の時に、泉のすぐ裏山から前方後円墳や室町時代の登り窯などの遺跡や多くの土器の破片などが見つかり、古くから生活が営まれていたことが確認されている。

歴史とロマンが溢れるこの場所を地区の財産として守っていくために、今年（※）9月に27軒の楠井自治会メンバーが集まり、皆で知恵を出し合って規約と掃除の当番を決めた。

また、9月29日に地元の南部小学校がコミュニティと連携し、おま泉や前方後円墳を見て、地域にはこんなロマン溢れるものがたくさんあることを知ってもらう「ふるさとウォーク」が実施された。

【アクセス】
鉄道：JR予讃線「端岡駅」または「琴電岡本駅」下車→バス：コミュニティーバス「川辺」下車→徒歩20分

※平成24（2012）年10月29日付掲載

「おま泉」を汲む親子

水前寺江津湖湧水群（熊本県熊本市）

光り輝く水に生かされ、水を生かす

水前寺江津湖湧水群は熊本市の中心にある都市型の湧水池であり、都市の中のオアシスといった感じである。この湧水群は、市民の憩いの場である「江津湖」、細川公の御茶屋が造られ後に大名庭園となった「水前寺成趣園」、熊本市全体の水道水の約4分の1を賄う「健軍水源地」の総称である。

阿蘇の西側で降った雨は、森や田畑などから地下にしみ込み、江津湖周辺に辿り着くまで、約20年の長い年月をかけ、地下水になって熊本市に流れ込む。水前寺江津湖湧水群の特徴は、清らかな湧き水にあり、その量は日量40万tを誇り、周辺からの湧水が水面積50haの水辺空間を形成している。湧水は水前寺公園から上江津湖、下江津湖北岸の随所にあり、多くの動植物を育み、古代から人々の生活を支えてきた。現在では、親水性が高い公園や遊歩道が整備され、自然観察の情報案内版も多数設置されており、市民に密着した水辺空間を体験できる。

健軍水源地の管理をしている熊本市上下水道局の高田吉彦さんから、大正年間に通水開始以来、水源のすべてに地下水を使用していることが大きな特徴との説明を受けた。現在1日に平均

22万㎥の水道水を供給しているが、およそ4分の1に当たる約6万㎥を健軍水源地で賄っている。水源地内には、11本の井戸があり、7本は自噴、4本は取水ポンプで地下水を汲み上げている。直径2ｍ強の5号井の上蓋を開けると、冷気がサッと顔面を撫で、勢いよく自噴し波立った水面が数ｍ下に見える。水質的にはなんら支障はないが塩素消毒後、給水しているとのことであった。熊本市は67万市民の水道水源のすべてを地下水で賄う日本一の都市だ、と誇らしげであった。

水前寺江津湖湧水群

「水」を熊本市の魅力づくりのための戦略資源に位置付け、都市ブランドを創出することに取り組んでいると市職員は熱く語っていた。その一環で、『くまもと「水」検定』制度により、水に関する課題や知識の普及啓発に努めている。水や水文化を守ったり、水の魅力をPRする人々を「くまもと水守」の愛称で登録され、様々な分野での市民運動を担っている。

水前寺江津湖の保全活動の関係者は優に７０００人を超えているという。「江津湖水守」の人だろうか、取材当日も水草の刈取りや除草作業に汗を流している市民の姿が見られた。傍らには人に慣れたアオサギが悠然と歩いており、水が織り成す風景にしばし魅了された。

「水前寺成趣園」では、その名の由来である陶淵明（とうえんめい）の漢詩の一文「園日渉以成趣」（園は日々にわたってもっておもむきを成し）を思い出し、加藤清正公が治水し、細川公も飲んだであろう湧水で点てた抹茶を味わった。

悠久の彼方より続く阿蘇の自然と、地下水の恵みによる人の営みを羨ましくも思い、次世代に残すことを切に願いつつ帰途に着いた。

【アクセス】

鉄道：市電「八丁馬場」下車↓徒歩３分

平成24（２０１２）年11月29日付掲載

親水性が高い公園や遊歩道が整備され、市民に密着した水辺空間を体験できる

45 金峰山湧水群（熊本市、玉名市）

緑と清冽な地下水の里

熊本市の西側にある金峰山を取り囲むようにして20カ所（熊本市19カ所、玉名市1カ所）の湧水がある。それらが併せて平成の名水百選に認定された。

金峰山系はカルデラを持つ二重式火山で、カルデラから西に向かって川内川が流れ、有明海に注いでいる。熊本市から見ると、東の阿蘇に対し西にある山地という意味で「西山」とも呼ばれ、緑と清冽な地下水の里として市民に親しまれている。また宮本武蔵や夏目漱石ゆかりの名所が点在し、県内外から多くの観光客が訪れる場所でもある。

NPO法人「コロボックル・プロジェクト」の吉村秀夫事務局長と田中浩二氏が、花園地区の刈取り間近な水田脇で、車に積んであるコンロで湧水を使ったコーヒーを沸かして出迎えてくれた。会員は30人程度。湧水の調査や子供を対象にしたコロボックル探検隊を開催して野草の天ぷらを食べたり、ムササビを探したり、ホタル観察会、里山キャンプ、田んぼ作り、稲刈り、餅つきなどを通し、自然の素晴らしさを知ってもらう活動をしている。

花園地区にあるお手水と成道寺（じょうどうじ）を案内してもらう。加藤清正もたびたび喉を潤したという「お

成道寺山水庭園

手水」の湧水池は、熊本市中心地からわずか15分のところにある。池を覆うようなバショウの緑が目に飛び込んできた。青く澄んだ池では黒光りしているコイが泳いでいる。自然に囲まれた敷地内はカワセミ、ホタル、フクロウ、オシドリ、ヤマセミたちが時々姿を見せるという。

成道寺は熊本の山水庭園の代表格である。モミジやサクラ、竹林に囲まれた幽寂な境内の池に清水が注ぐ。樹齢数百年のマキの大木の実生（みしょう）が境内一面に絨毯（じゅうたん）のように敷き詰められていた。紅葉も見事であった。苔むした庭は多くの文人や画人に愛され、夏目漱石も訪れ「若葉して手のひらほどの山の寺」の句を詠んでいる。

島崎地区は城西校区観光ガイドの方々に案内をしてもらう。釣耕園（ちょうこうえん）は江戸時代、細川藩主が建てたお茶屋跡。「雲を耕し月を釣る」と詠まれた池と泉を配した庭園で、舟を浮かべたり、カモ網を催したりしたという。昭和32（195

7）年の水害で池が埋まったが、復元し昭和50（1975）年頃まで全山石楠花が見事であったという。今も当時の面影は残っているものの、茶室のある建物や庭園の手入れが必要のようだ。
延命水は共同の水場で石段があり、地域の人たちが野菜などを洗う姿は今でも見られ、生活との結びつきが強い湧水である。少年の家跡の湧水は、庭園奥の岩の割れ目から水が流れ出て、池を形作っていた。
金峰山一帯の湧水群は熊本城下にも近く、歴史・文化の魅力ある観光地として今後、脚光を浴びることだろう。

【アクセス】
バス：熊本交通センター（柿原公民館行き）「柿原公民館前」下車→徒歩15分→成道寺

平成24（2012）年12月24日付掲載

花園地区にあるお手水

46 岩屋湧水（福岡県朝倉郡東峰村）

行列を作る湧水

岩屋湧水は、ＪＲ九州日田彦山線の彦山駅から筑前岩屋駅の間に位置する釈迦岳トンネル（４３７８ｍ）の岩屋駅側坑口から１７５２ｍの地点から湧き出している（日量約1万５０００ｔ）。釈迦岳トンネルは昭和12（１９３７）年に着工。標高８４４ｍの釈迦岳の麓を４３７８ｍにわたって貫く難工事で、昭和30（１９５５）年当時九州で１番長いトンネルとして完成した。

昭和28（１９５３）年には29人が亡くなる落盤事故が発生し、地下水脈が破れて水が溢れる一方、上部の竹地区では水涸れなどの苦難に見舞われた。多勢の人々の苦労と努力がこもった水である。筑前岩屋駅の向かいの丘に犠牲者を追悼する慰霊碑が残されている。釈迦岳トンネルの岩屋湧水を利用して、昭和38（１９６３）年に旧宝珠山村が簡易水道工事に着手。昭和40（１９６５）年から給水を開始し、平成13（２００１）年度から旧宝珠山村全域（約５００戸）が給水可能地域となっており、村民の重要な生活用水として大きな役割を果たしている。

水質は硬度30度前後の軟水で、まろやかな口当たりが特徴で、お茶、コーヒー、焼酎の水割り、日本料理に合うとのことで県内外から水汲みに訪れる人も多い（平日でも約３００人）。以前は

岩屋湧水水汲み場

駅舎の左側に水汲み場を作っていたが手狭になり右側に新しく水汲み場を整備し、湧水の入り口に募金箱を設置して水汲みに来る人から20ℓで100円の清掃協力金をとり、河川の清掃や駅舎のトイレの清掃や周辺環境を守るために使われていた。

しかし大容量のポリタンクで大量の水を汲みに来る人も出て苦情が増えてきた。そのために平成21（2009）年3月に、本湧水と送水管をJRから第三セクターのふるさと村が無償譲渡を受け、新たにステンレス製の自動給水機設備5基を設置し30ℓ100円の完全有料化としたが、水汲みに訪れる人は減るどころではなく順番待ちの時もあるという。

また周辺の地区では、「竹地区棚田景観保全委員会」や「宝珠山百年の森づくり実行委員会」や「宝珠山ホタルを育てる会」

などが地域住民により組織され、都市住民との交流事業を通じて、美しい自然環境を保全するための地域活動が積極的に行われている。

筑前岩屋駅の近くにある山里の温泉に浸かりながら、季節に彩られた山景色や棚田、日田彦山線を走るローカル列車を眺め、川の魚を贅沢（ぜいたく）に使用した夕食で素敵な旅であった。

【アクセス】

鉄道：ＪＲ日田彦山線「筑前岩屋駅」下車

車：大分自動車道「杷木（はき）ＩＣ」→県道52号→国道２１１号→「宝珠山交差点」左折→直進５㎞

平成25（２０１３）年1月31日付掲載

釈迦岳トンネル

47 南阿蘇村湧水群（熊本県阿蘇郡南阿蘇村）

「水の生まれる里」

雄大な自然に囲まれ多くの湧水に恵まれた「南郷谷」と呼ばれる南阿蘇村。昭和の名水百選に選ばれた「白川水源」のほか、大小10カ所もの湧水池があちこちに点在している。ほとんどの湧水は阿蘇山中央火口からの地下水が流れ出たものである。湧水群や水路をサイクリングやウォーキングで巡る散策コースは、多くの観光客の癒しの場として四季折々の変化を通し人々の心を和ませてくれる。

南阿蘇村企画観光課主査・飛世将氏の案内で日本一長い駅名という南阿蘇鉄道「南阿蘇水の生まれる里白水高原」を車で出発し、1・5時間の駆け足ですべての水源を訪ねることができた。最初に目に飛び込んできたのは塩井社水源の水路に設置された「オルゴール付きの水車」だ。美しい里山の中に〝ふるさと〟のメロディーが絶え間なく奏でられていた。地元の人が収穫した野菜の共同洗い場の脇に水流で籠を回転させて里芋の皮をむく芋車が置いてある寺坂水源や、湧水池の中ほどにある「兜石」と呼ばれる石で湧水量を測りその年の作物の豊作・凶作を占う池の川水源などは、灌漑用水や生活用水として農家にとっては重要な水源となっている。

竹崎水源

さらに竹林に囲まれた小道を進むと竹崎水源の看板が見えてくる。水源に隣接した狭い畑には、水の汚染を配慮して「私有地につき立ち入り禁止、バーベキュー禁止」の立て看板が立てられている。ここは水源池というよりは地中から流れ出す川と呼ぶ方がふさわしい地下水が流れ出ている。こんもりした竹林の根本付近からは異様なほどに黒い砂を噴き上げ、流れ出た川底の至るところからも水が湧き出ている。

すぐそばの両併川と合流したところの総水量は1秒に2t、1日17万2000tという莫大な量になっている。この豊富な水量は、久木野地区の全水田の半分の350町歩もの田畑を潤し、南阿蘇村疏水群の水源となっている。この疏水群は、江戸時代に片山嘉左衛門とその子孫が私財を投じて地域住民とともに開削した用水路に端を発し、阿蘇カルデラの不毛の地を全国有数の阿蘇コシヒカリの一大産地に変貌させた。生活に欠かせない湧水池や水路を保全するため、保存会や地域住民が毎月1回の清掃活動に参加し、心の原風景として守り続けている。

湧水群を巡り、ミネラルたっぷりの南阿蘇の水を飲んで心と体のリフレッシュができた旅であった。

【アクセス】
鉄道：南阿蘇鉄道「南阿蘇水の生まれる里白水高原駅」下車→徒歩5～10分（各湧水池間）

平成25（2013）年2月28日付掲載

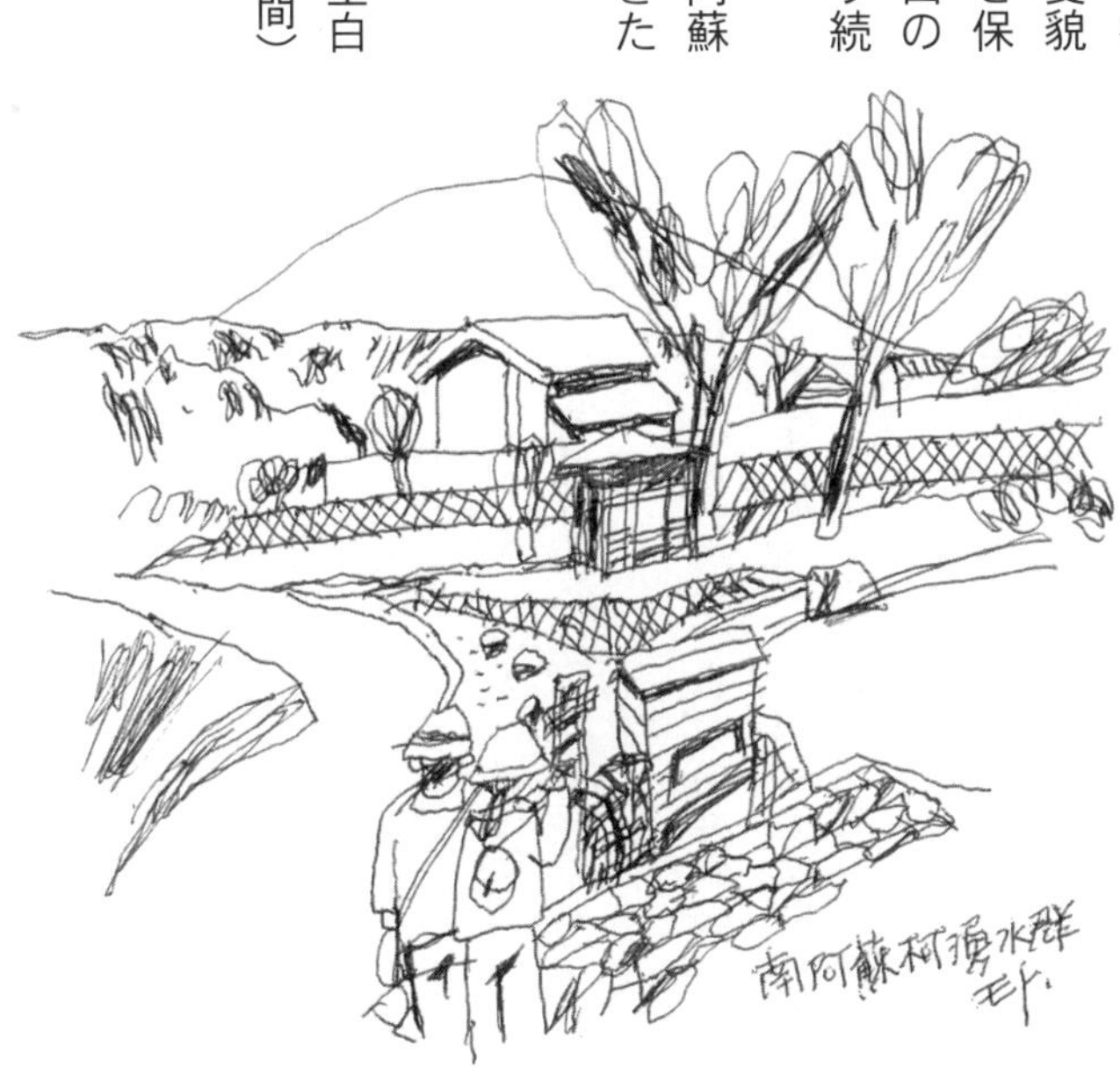

オルゴール付きの水車

48 玉川（京都府綴喜郡井手町）

桜と山吹、かわずの里

京都駅から25㎞南、木津川右岸に位置する井手町を流れる玉川は、桜、山吹が咲き、カエルが鳴く名所で、古来多くの古典文学に登場する由緒ある地。明治時代から住民による草刈、清掃等の環境保護活動が続いていること、また小・中学校で玉川に関する環境教育が実施されていること等から百選に選定されたものである。

調布（東京都）の多摩川（玉川）などとともに日本六玉川のひとつで、「山吹の井手の玉川」で知られている。古来多くの文人墨客が訪れ、平安中期以降詠まれた和歌は350首を数える。近年は堤の桜（500本）が有名になり、4月の桜祭りには約6万人の花見客が訪れる。桜の後は山吹が堤を黄金色に染める。

玉川は延長6・1㎞。源流部に大正池（貯水量23万t、京都府内最大級の溜め池）があり、町内の農地を潤している。江戸時代は南山城地方では数少ない水車を利用した製粉、精米、カキ殻粉砕などの工業が盛んであった。

また、大正池は京都府景観条例に基づく景観資産登録を受け、遊歩道や水生公園、バンガロー

親水公園となっている井手の玉川

等が整備された「グリーンパーク」として町民の野外活動の拠点になっている。

　下流部は明治時代から「井堤保勝会」等が山吹などの植栽や毎月清掃、石碑や歌碑の設置を行ってきた。名水選定を機に町内の８団体が集まって「玉川の名水を守る会」を結成、さらに積極的な保全活動が行われている。

　福田博司会長は「最近は下水道整備が進んで町内の水がきれいになったためか、玉川にゲンジボタルが自然に増え、見に来る人が多い。多く訪れてほしいので、山吹を植え、桜などの保護を町にお願いしている。３月には花見客のため土手の草刈を行っているが、延長が長く守る会だけではできないので、川を管理する府にもお願いしている」と活動状況を語る。町も花見時に小・中学校の校庭を駐車場として開放するなど、住民と一体となって玉川の保全・利用に取り組んでいる。

井手町は奈良時代、聖武天皇の時、左大臣として活躍した橘諸兄(たちばなのもろえ)が館を構え、広大な氏寺（井手寺）を建立し、歴史文化が薫る町。町の花にも指定されている山吹は、諸兄が好み玉川沿いに植えて楽しんだことに始まるといわれる。

玉川は人々が暮らす土地より高いところを流れる天井川で、鉄道はトンネルで川の下をくぐる。昭和28（１９５３）年の南山城水害で堤が決壊、町は壊滅的な被害を受けた。その後の河川復旧でソメイヨシノや山吹を植え、川に下りられるよう堤防の一部分を階段にして飛石等も配置、町民自慢の親水公園になっている。

【アクセス】
鉄道：ＪＲ奈良線「玉水駅」下車↓徒歩３分

平成25（２０１３）年３月18日付掲載

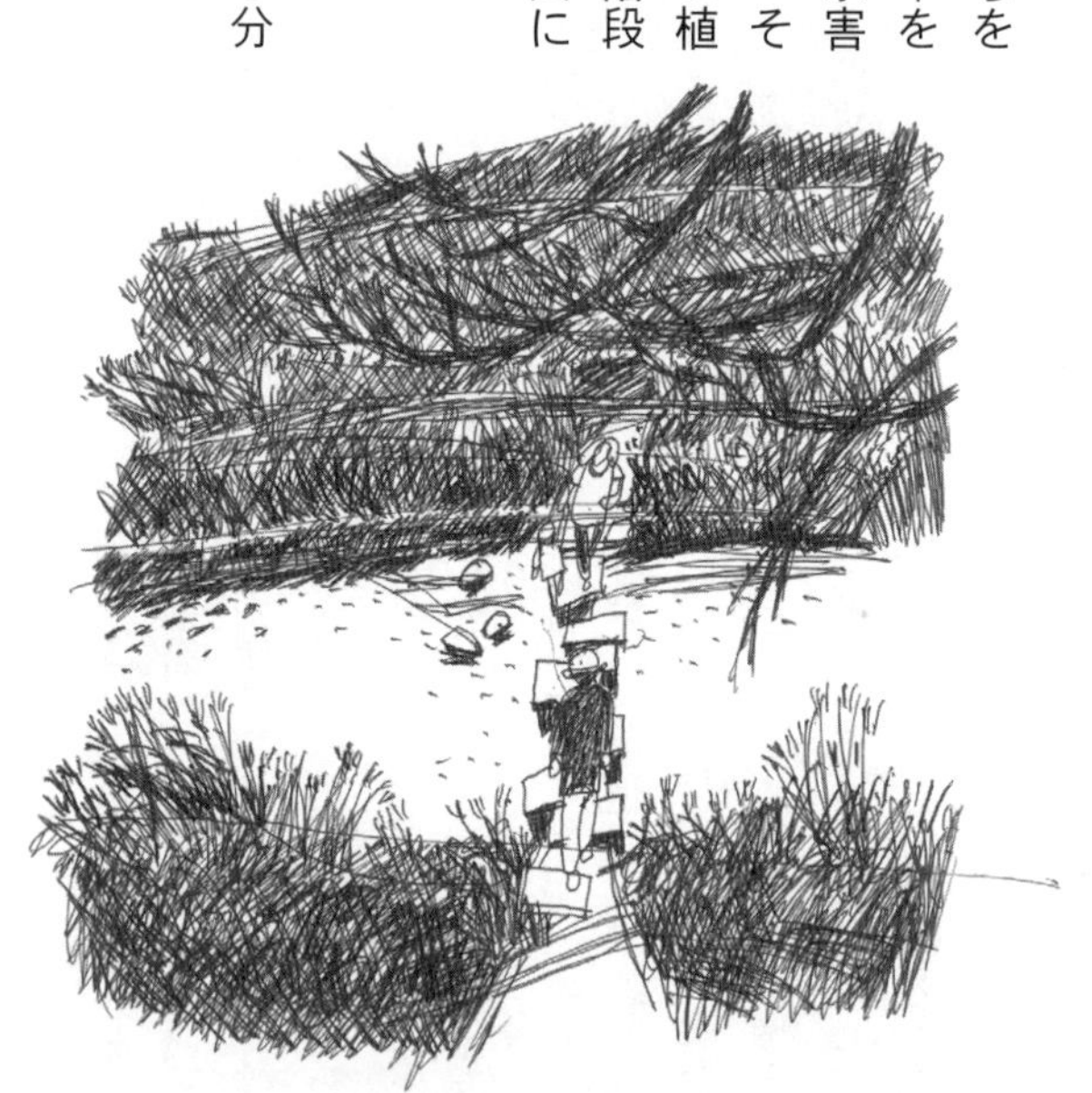
飛石も配置され、町民憩いの場

49 針江の生水（しょうず）（滋賀県高島市）

かばた文化を育む湧水

琵琶湖北西に面し、比良（ひら）山地を水源とする安曇川（あどがわ）伏流水である湧水は「針江の生水」と呼ばれる。針江地区には昔から約20ｍ鉄管を打ち込むときれいな地下水が湧き出し、各家庭にこの湧水を利用した川端（かばた）という井戸が残る。この川端や水を大切に使う文化を育んできた活動が平成の名水として認められ、全国各地から見学者が訪れる。

川端は先人の智恵が生んだ水利用システムといえる。30年ほど前に琵琶湖針江浜発掘調査が行われ、湖底から川端の原形と思われる弥生時代の洗い場が発掘された。現在地区のほとんどの家は地上まで自噴する湧水、もしくはポンプで汲み上げる湧水を、母屋内か屋外に設けた川端に引き込む。

川端はせいぜい数㎡の枠の中に、元池（もといけ）という湧水が直接溜まる池、そこから溢れた水を溜める壺池（つぼいけ）、さらに溢れ出た水を受ける端池（はたいけ）から成る。端池からは水路に出て、地区の中央を流れる針江大川へと流れ込み、最終的には琵琶湖へ注ぐ。

壺池の水はまず飲料水、料理水などに用いられる。年を通して約13℃を保ち、夏は冷たく、冬

バイカモが咲く針江大川

はうれしい温かさを提供してくれる。水道水の水質基準にも適合した証の水質検査成績書が各戸の川端に貼られていた。もちろん、上水道は別途完備しているが。

端池には、食べかすや野菜くず、使われた皿、鍋等も沈めておくと、そこに飼われているコイなどが食べてくれるので、端池から流れた水が水路を汚すこともない。水路や針江大川も同様に、琵琶湖につながる自然の水処理機能を果たしているのだ。

針江生水の郷委員会の案内で川沿い、水路沿いに川端のある焼板作りの家々を散策する。川端は家庭の敷地内にあるため、無断で入ることはできない。ボランティアガイドの案内のもとで見学し、見学料が委員会運営資金となる。

「特に市からの補助はないが、川端は一方で重要文化景観として文化庁から指定を受け、市の教育委員会を通して助成金を受けている」と、市の環境政策課淵田正主任が語った。

さらに進むと、澄んだ川の流れの中に美しい緑のバイカモが揺れている。針江の川を遡っていくとブナの原生林に辿り着くという。針江生水の郷委員会の美濃部武彦会長は、現在地区を挙げて取り組んでいる活動として、苗木を針江の田圃で育てて山に植え保水力を高める「緑のダム」づくり、針江大川の清掃活動、県内外の小・中学生を招いての生き物観察、夏の子供の楽しみ大川筏遊び等、水のつながりを人のつながり、人と自然のつながりへと高める活動を進めているという。

そして「大切な生水の上に成り立つ川端文化は、古来この地域の生活を支えてきた。それを子供たちに守り伝えることの大切さを全員で分かち合う。たとえ空き家になっても、そこにある川端はそのまま残しています」と語った。

「ただいま」と帰ってくる子供たちに、「お帰り」と声をかける近所の大人の声がした。そこに川端の文化のほのぼのとした暖かさを感じた。

【アクセス】

鉄道：ＪＲ湖西線「新旭駅」下車→バス：はーとバス東環状線「針江公民館」下車

平成25（２０１３）年４月29日付掲載

湧水を利用した川端

50 雲城水（うんじょうすい）（福井県小浜市）

海岸べりで清浄水自噴

小浜漁港のすぐそばにありながら、海水混入もなく清浄な地下水が自噴、地酒など特産品の製造にも利用されている。地元の人々は毎年水祭りを開催、自噴水や周辺の保全・清掃活動を続けている。

雲城水とは、一番町船溜まりのそばにある雲城公園で湧く自噴水のこと。滋賀県との県境に降る雨水が遠敷川（おにゅうがわ）の清流となって地下にしみ込み、一番町一帯に湧き出す。遠敷川上流の「鵜の瀬」は昭和の名水百選に選定され、また奈良東大寺のお水取りの水が遠く地下を通って送られるといわれるお水送りの神事が行われる名水の地である。

雲城水は地下30ｍから1日4・3ｔ自噴する。水温は年を通じて13℃。市の定期的な水質検査でも水道水の基準をクリアしている。１日平均２００人が水汲みに訪れる。

地元の一番町振興組合は、昭和30（１９５５）年に東京・日本橋の水天宮から勧請（かんじょう）した水天宮を雲城水の脇に祀った。毎年7月23日に水祭りを行い、水への感謝、水難除けを祈願、夜遅くまで大勢の参拝者で賑わう。また、雲城水の水汲み場を整備し、案内板、ベンチ、電灯などを設置。

付近の清掃、ＰＲ用パンフレット作成・配布を行っている。

近隣の小学校では夏休み等に雲城水をテーマに自由研究が行われ、水環境保全の大切さを学習している。

名水選定を機に、雨の日でも水が汲みやすいよう、県の補助で水汲み場の上に東屋がつくられた。

一番町は鉄管を打ち込むと地下水が自噴するほど水に恵まれたところ。今も各戸に掘り抜き井戸があり、昔から自噴水を上から飲み水、汲み水、洗い場と3段式水槽で使い分けている家もある。小浜市の上水道の水源は地下水で、水質が良いので塩素滅菌処理だけで給水する。昭和34（１９５９）年から給水開始した。一番町は昭和40（１９６５）年からで遅い方であった。

一番町振興組合では雲城水を活用した特

水天宮を祀った雲城水の水汲み場

産品づくりに取り組み、山に降った雨が１００年の歳月をかけて雲城水となって湧き出るといわれていることから「百伝ふ（ももつたふ）」という名称で、オリジナルの地酒、そば、豆腐を製造、販売している。

近年、冬季に道路融雪用水に地下水を汲み上げているため、湧水の減少が目立つようになった。近くの和菓子店の店主は、湧水が足りなくなったので水道水を使ったら、客から「いつもと違う。薬臭い」といわれたという。

宇田川省二・組合理事長（65）は「地下水の保全が必要なので、市に名水の保護・活用を提言し、市は今年から3年計画で調査を実施することになった」という。調査結果をもとに市と一体となった保全活動に取り組む考えだ。

【アクセス】

鉄道：ＪＲ小浜線「小浜駅」下車↓徒歩10分

（小浜郵便局南西角）

平成25（２０１３）年5月30日付掲載

水汲みに訪れる人々

51 熊川宿前川（福井県三方上中郡若狭町）

鯖街道に潤いの水路

熊川は若狭小浜から東南東へ16㎞、滋賀県と県境にある谷間(たにあい)の小さな集落である。若狭湾の海産物を京都に運ぶ街道が通り、「鯖街道」として有名。寛文年間（1661〜1673年）、前川を延長した淹漑用水がつくられ、住民に生活用水を提供、親水文化を育んできた。

秀吉に重用され、若狭の領主となった浅野長政が天正17（1589）年に、熊川を交通と軍事における重要な場所であるとして、諸役免除して宿場町とした。40戸ほどに過ぎなかった寒村が200戸を超え繁栄した。最盛期には1日約1000頭もの牛馬が行き交ったといわれている。

昔の面影を色濃く残す熊川宿は延長1・1㎞、幅100m。鯖街道沿いに町並みを形成している。京都に近いほうから上ノ町(かみんちょ)、中ノ町(なかんちょ)、下ノ町(しもんちょ)となる。〝まがり〟といって鍵型に曲がっている街道沿いを流れる水路が前川。川から取水しているので水量は豊富で流れが速い。

街道に面した屋敷の出入り口には石橋が架かり、所どころに「かわと」と呼ばれる石組みの洗い場がある。昔は人馬の飲み水として、また野菜や食器を洗ったり洗濯に使用したり、生活用水として欠かせない役割を担っていた。

宿場館(若狭鯖街道資料館)

今では生活用水としての役割は減ってきたが、水流を利用した小さな水車風の芋の皮をむく「芋車」や、夏にはスイカ、トマトなどを冷やしたり、子供たちの格好の遊び場ともなっている。冬には除雪した雪を流す流雪溝になる。

熊川宿の中ほどに、歴史を感じさせる洋風の建物、宿場館(若狭鯖街道資料館)がある。昭和初期(1926年頃)の旧村役場を利用したもので、鯖街道や熊川宿に関する資料を保存展示している。2人のボランティアの方が務めている。

地元に生まれ育った宮本一男氏(72)は1、2階の館内の清掃や観光客への展示物の説明、熊川宿の案内と多忙なスケジュールをこなしている。平成10(1998)年頃重要伝統的建造物群保存地区の指定を機に、前川のコンクリートを壊し石積みに改修したという。家屋の改修には歴史的景観を保存するため国・県・町による補助制度がある。水路、道路の清掃に力を入れている。しかし「過疎化で住民が減り、前川の維持管理が難しくなっている」と先行きを心配する。

それでも街道に面した伝統的な町屋の修理事業や前川の石積み護岸などの水路改修整備等の住民による積極的な町づくりもあって、訪れる観光客も年間30万人と増加傾向にあり、人々に潤いと癒しの空間を提供している。

【アクセス】
鉄道：JR小浜線「上中駅」下車→バス：JRバス若狭線（近江今津行き）「若狭熊川」下車→徒歩3分

平成25（2013）年6月24日付掲載

潤いの水路「前川」

52 阿多古川（静岡県浜松市）

名水と暮らし、名水に生かされる里

阿多古川は愛知県境に近い「熊の黒滝」、付近のいくつかの沢を源流とし、天竜区の山間地を流れる清流であり、天竜川に合流する22・6㎞の一級河川である。浜松市中心部から比較的距離が近いこともあり、渓流釣りや水遊び、キャンプなどのレジャースポットとして人気がある。周辺地域は、阿多古七滝、天竜八景などの景勝地としても知られている。上流部に「石神の里」、道の駅「くんま水車の里」がある。

阿多古川流域の上流側から「名水の源、熊」「名水と暮らす、上阿多古」「名水に触れる下阿多古」と、地域ごとに名水とのかかわりを生活の中心に置いている。その水質の良さから現在も生活用水および農業用水として利用され、かつては荷物運搬の船が行き交った歴史も忘れてはいけません、と浜松市環境部環境保全課水質保全グループ長大谷雅弘さんは熱く語る。「浜松市川や湖を守る条例」制定の経緯や、阿多古川の平田大橋から阿多古橋に至る環境共生区域の保全活動の様子を聞く。美しく豊かな川や湖を次世代に継承するために「やらまいかスピリッツ！」を発揮し取り組んでいると、その意気込みが伝わる。

間伐材が使われている築堤(ちくてい)

和田節男さんが会長を務める「阿多古川環境保全協議会」が行う保全活動には、毎年150人ほどの住民が参加している。訪れた人のマナー向上や清掃活動などに取り組むほか、市からの委託で駐車場の管理なども行う。キャンプなどで夏場は20万人余の人が詰めかける。このため清掃活動などの「河川パトロール」を毎年4、5回行っている。阿多古川の清流や環境を守っていくことが地域住民の使命であるとの信念が根付いていることを強く感じた。

「平成の名水百選」に選ばれてからは県外から訪れる人も増え、夏には駐車待ちの車列ができるほど混雑するとのことであったが、幸いにも道行は順調に進んだ。取材当日はあいにくの猛暑日となり、国道152号線沿いの「うなぎ」の看板に誘われ、水分とスタミナ補給をした。

現地では、天竜区役所区振興課管財グループ長中村功さんの案内で、天竜川との合流地点から上流へと遡上した。鹿島橋の眼下に見える天竜川の水の色は白濁していたが、阿多古川の水は見事なまでに透明で川底に泳ぐ小魚の銀鱗（ぎんりん）が見えるほどであった。

旧「下阿多古中学校」のすぐ下流の川岸に、阿多古川が「平成の名水百選」に指定されていることを知らせる看板が見え、川原では若い親子が水遊びを愉しんでいた。その幼子は生まれたままの姿で清流に浸り、「美しく豊かな阿多古川の清流は、私たちの誇りであり、かけがえのない財産です。この清

水遊びを愉しむ若者たち

流を守り、後世に引き継いでいってください」と水面に語りかけているようであった。
その水面に映る若竹の美しさに誘われ、源流のひとつ「熊の黒滝」に近い道の駅「くんま水車の里」に入った。間伐材を活用した築堤「子どもの水辺」には自然観察会や体験実習などが催され、多くの人が訪れるとのこと。入り口には熊の看板文字が見える。脇には幼少の頃「熊」の漢字を覚える手立てとなった「ム・月・ヒ・ヒ・チョコ・マカ・チョン・チョン」の解説。チョコマカチョンチョンとは熊の文字の部首（下部）の4点を表し、これで「熊」の漢字を覚えたのである。越中ふんどしひとつで水遊びを愉しんだ少年時代の、あの暑い夏の日差しをしばし思い出させる炎天下での清流紀行であった。

【アクセス】
車：浜松中心部より国道１５２号にて北上→鹿島橋手前を左折→天竜東栄線（静岡県道９号）を北上

平成25（２０１３）年7月29日付掲載

53 居醒(いさめ)の清水(しみず)（滋賀県米原市）

ハリヨ、バイカモを育む

居醒の清水は、中山道61番目の宿場「醒井宿(さめがい)」を流れる地蔵川の源流である。鈴鹿山系の霊仙山に降った雨が石灰岩質の山の地下を長い年月をかけて流れて湧き出る。その清冽な流れは希少な魚のハリヨ、水中花のバイカモを育み、地域住民の熱心な保全活動によって守られている。湧水量は1日1万5000t。夏場でも涸れることはない。

その昔、日本武尊が伊吹山の荒ぶる神の毒気に当たった時、高熱を癒したとの伝説が残っている清水のひとつといわれ、日本書紀や古事記にも記されている。街道沿いにはほかにも十王水、西行水と呼ばれる名水が湧いている。

地蔵川には滋賀県の絶滅危惧種に指定されているトゲウオ科のハリヨが生息している。また、水温が14℃前後の清流にしか育たないキンポウゲ科の水生多年草であるバイカモが、6～8月にかけて梅に似た白く小さな花を咲かせる。

宿場で人馬の提供や荷物の積み替えなどを行った問屋場や町屋など、往時を偲ばせる街並みが現在も残り、いつも多くの観光客で賑わっている。

しかし、近年ハリヨがどこからか持ち込まれたイトヨと交雑していることが分かり、固有種保全の取り組みが行われている。「地蔵川とハリヨを守る会」は、ハリヨを水槽で飼育し保護・繁殖に努めている。

大橋邦男会長（71）は「イトヨを駆除しハリヨを増やして地蔵川本来の川にしたい。バイカモは貴重な植物なので、外来種など他の水草が増えないよう定期的に除草したり、川の清掃、水生生物の調査や子供らと観察会を行っている」と語る。

「居醒の清水」の湧き出し箇所。右上は日本武尊の銅像

地蔵川の水は、水道が完備する昭和37（1962）年以前は各戸に設けられた井戸とともに生活用水や飲料水として利用され、今も川岸に「かわと」と呼ばれる洗い場がいくつも残っている。古来地蔵川を汚さないという意識が強く、清流が維持されてきた。現在は下水道も整備され、各戸から地蔵川をまたぐ下水道管は汚水を真空式で本管に引き込む。

きれいな湧水で汲んで飲みたくなるが、川沿いには特に水飲み場はない。米原市環境保全課の名水担当、中川久美子さんは「醒井の水はお茶に適した名水として昔から有名で、彦根藩主・井伊氏がこの水でたびたび茶会を催していたといいます。湧水を飲んだことがありますが、冷たくておいしいですよ。ただ、衛生上の問題があるので飲用は推奨していません」。

取材で訪れたのは猛暑が続いた8月23日。じっとしていても汗が出てくる。かわとに下りて地蔵川の流れに手を入れると冷たくて癒された。足も入れたい気分になる。そばではスイカを紐（ひも）でしばって川の流れで冷やしてあった。

地蔵川には名前の通り地蔵さんが祀ってあり、23日から3日間は地蔵盆の祭りの最中。街角に子供などの大きい人形等を飾り、露店が出て、観光客も訪れていて賑やか。川に沿って赤い提灯がたくさん飾ってあり、夜になって灯が点ると情緒豊かな地蔵川になりそうだ。

8月はバイカモの花の見頃。川に沿って植えられているサルスベリの小さなピンクの花びらが川面に散り、流れに揺れる白いバイカモの花に彩りを添えていた。

【アクセス】
鉄道：ＪＲ東海道本線「醒ヶ井駅」下車↓徒歩10分

平成25（２０１３）年8月29日付掲載

生活に密着した地蔵川

54 遺水観音霊水（石川県能美市）

霊水により結ばれる里

石川県能美市山間部にある仏大寺は、大正期までは鉱山があり約３００世帯が住んでいたが、過疎化が進みわずか9世帯25人の小さな集落である。集落から少し登った山間に遺水観音霊水がある。霊水の源の遺水観音山は、標高４０２ｍで、霊峰・白山に連なる山々の中で一弧峰として知られる。奈良・平安時代からの白山信仰の霊場であり、修行のために灯された明かりは北前船の目印となり、海の民からの信仰も集めていた。また、遺水観音堂は、近代まで女人禁制が保持されてきた霊地であった。中世に仏陀寺という大伽藍が在ったといわれ、仏大寺という集落の語源になっている。加賀産業道路で川北大橋を渡り、ちょっと分かりにくい山道を道路標識に従って行く。無患子トンネルを越えすぐに左折し、植林整備された狭い山道を進むと仏大寺の看板が見える集落に至る。林道とはいえ簡易舗装され、倒木や荒れた竹林など見られず、里山の行き届いた整備状態が感じられる。

能美市市民生活部地域振興課・島田准也主任から平成の名水百選に選ばれた経緯や、地域の活動状況を聞く。遺水観音山の麓に湧き出る水は、古くから霊水として地域の人々の心身を潤して

霊水堂脇に給水設備

きたが、より多くの人に親しんでもらおうと地元町会が湧水口を整備するとともに「遺水観音霊水堂保存会」を組織し、汲場（霊水堂）の毎日の清掃や御堂の生花の取り替えなどの清掃活動はもとより、集落から霊水堂までの林道（８００ｍ）の草刈や、旧盆前の遺水観音山の登山道（１２５０ｍ）の清掃活動を年数回行っている。冬季間は、林道の除雪作業や霊水堂前に小川の水を利用した手作りの融雪装置を設置するなどの作業を、市内一小さな集落の住民総出で行っている。

遺水観音霊水堂保存会の会長・畑中茂伸さんは、「能美の里山ファン倶楽部」の会長でもあり里山活動を精力的に続けている。遺水観音山頂上から仏大寺集落までの登山道を整備したり、村おこしイベント「能美ほっこりまつり」を開催するなど、名水が縁で交流の輪が大きくなっていると語る。集落の一角にある多目的施設には、イベントの様子や地域活動の模様が展示され、現代の日本から失われつつある「結(ゆい)」の精神が息づいており、住民相互の親睦と連帯感の醸成はもとより、霊水堂を訪れる多くの人たちをもてなしの心で向かえている様子が感じられた。取材当日も、整備された霊水堂脇の給水施設では、水を求めてきた人のあいさつが飛び交い、会話が弾み賑わい、4カ所から流れ出る水を自由に汲んでいた。四季を通じ給水施設の前には長蛇の列ができるため、水汲みはひとり容器10個までの案内を出しているほどである。

霊水が人と人との心のつながりを醸成し、その人たちが協力し合い霊水を崇め守り続ける日本の里の暮らしの原型を垣間見ることができ、心と喉を潤すほっこりとした名水紀行であった。

【アクセス】

鉄道：JR北陸本線「小松駅」下車↓車で約30分

または鉄道：JR北陸本線「能美根上駅」(旧寺井駅)下車↓バス：コミュニティバス「仏大寺町」下車↓徒歩20分

平成25(2013)年9月30日付掲載

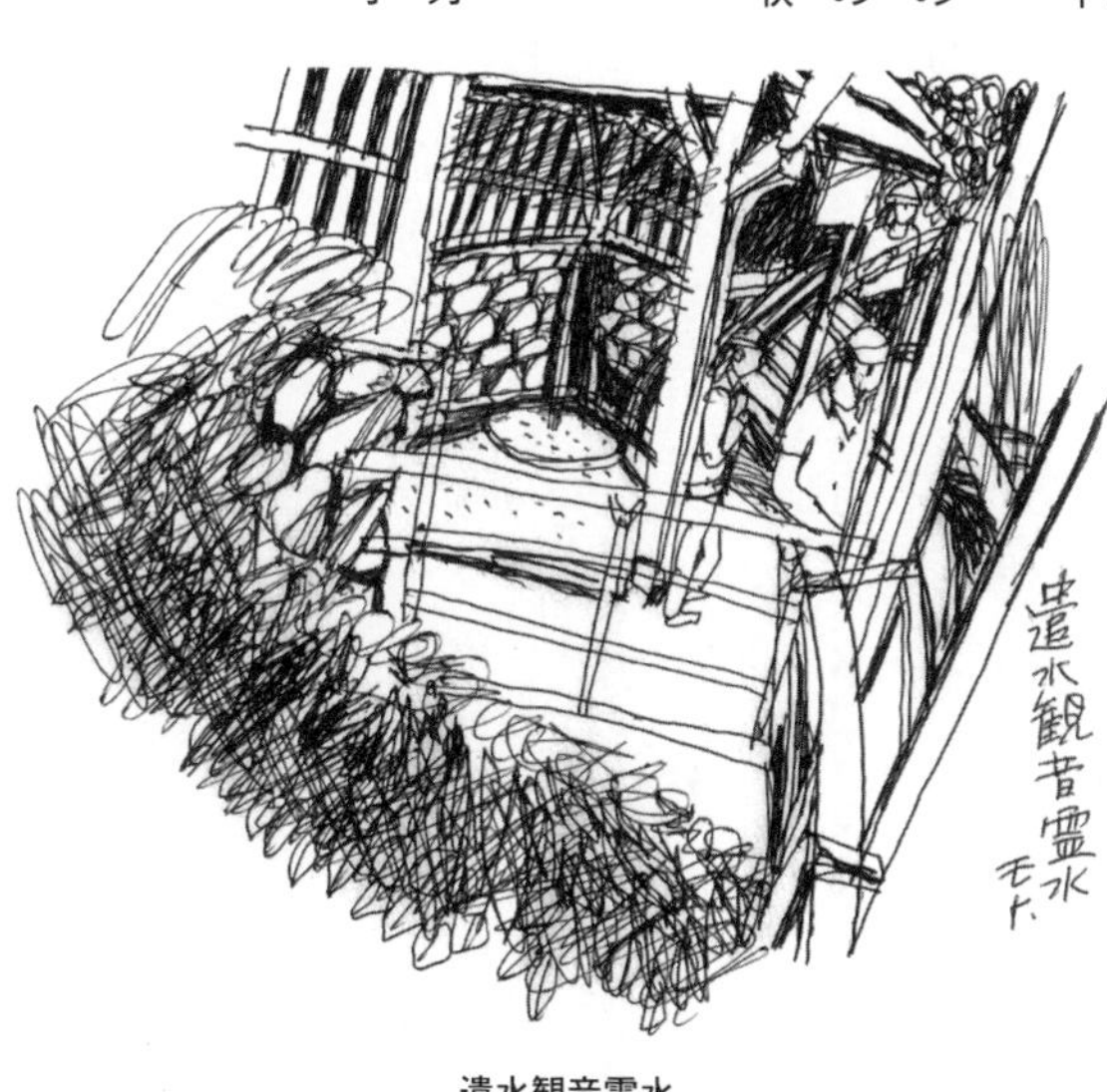

遣水観音霊水

55 桜生水（石川県小松市）

不老長寿の真清水

周りを囲むように咲く、満開の桜が水面に映り込む様から、その名が付いたという桜生水は、不老長寿の名水として知られている。この湧水は、河田山（現国府台）の麓にあり「霊峰白山山系および手取川の伏流水で、地下を80～100年経てきた水」といわれている。湧水量は1日70tと豊富で泉の全面からこんこんと湧き出ている。

水質検査の結果、ミネラルが多く、おいしい水で飲料に最適との結果（県南加賀保健所）で、毎日桜生水の祠にお参りし、名水を汲みに来る人は後を絶えず、ポリタンクに汲んで持ち帰る人も多い。古くから「不老長寿の真清水」として大切にされ、「桜泉の真清水の…」と国府小学校校歌の中にも歌われており、地域の遺産として町内会連合会と桜生水保存会が一体となって保全活動に努めている。

湧水の周辺では以前からゲンジボタルが生息しており、夏には湧水の流れ落ちる水路に沿って飛び回る。ホタルの産卵期には、夜間に外灯の光が下草や湧水付近に当たらないようにするとか、除草剤を散布しないよう、住民が環境に配慮している。

泉の傍に立つ「桜生水の詩」の歌碑

以前は、桜の大木が枝を広げ泉を蔽（おお）っていたが、今では桜が伐採されその面影もない。しかし広大な田んぼの脇で静かに水をたたえる姿は昔を偲ばせる。宅地造成工事の影響で付近の湧き水が次々と涸れていくことを憂い、地元の有志が「桜生水を絶やすわけにはいかない」と平成7（1995）年「桜生水保存会」を設立。毎年、春と秋の一斉整備や桜木の植樹、花壇の手入れ等を実施している。また、毎週2人ずつ交代で水周りの掃除・除草・剪定なども行っている。名水を汲んだお礼にと、祠に花を手向けたり、周辺を掃除していく人もいるようだ。保全活動をしていてうれしいことがあったと、桜生水保存会の会長・高賢誠氏（77）が話をしてくれた。「国府小学校5年生の、西手美月さんからの作文が事務局に届き、その中に、『いつも桜生水の掃除をしてくれる人たちがいます。だから、自分たちから進んで掃除をしましょう』

とあった。今までの活動が報いられた気持ちで、これからも可愛い孫たちの信頼に応えていきたい」と。

保存会は、地域の住民に桜生水を身近に親しんでもらおうと、毎年ホタルの乱舞する6月頃の野点茶会を行なっている。地元の九谷焼作家による特製の茶碗が、名水で点てた茶の味に深みを与えている。

また、桜生水を取り巻く豊かな四季を取り入れた「桜生水の詩」の歌碑が、泉の傍らに建立されていた。「真夏の日々は緑の陰で　のどうるほしてひと休み　細流かすかにささやけば　仙女の声かと聞きまごう　蛍飛びかう夢の郷」。夏を歌った二番の歌詞だ。

52人の桜生水保存会の日頃の努力に頭が下がる。

【アクセス】

鉄道：JR北陸本線「小松駅」下車↓バス：（国府行き）「河田」下車（20分）↓徒歩10分

平成25（2013）年10月31日付掲載

桜生水の祠

56 藤瀬(ふじのせ)の水(石川県七尾市)

地域活性化への道開く〝霊水〟機能

石川県といえば能登半島、その半島のほぼつけ根に位置する七尾市。全国の温泉地でも知名度の高い和倉温泉を有する一方、自然環境・資源に恵まれた北陸の代表都市である。平成23(2011)年には〝能登の里山里海〟が世界農業遺産に認定された。恵まれた自然環境、そしてそこから生み出される農産物や海産物による産業活動、さらに景観や文化も創造され、それらが〝世界農業遺産〟を支える源泉、担い手となっているほど自然環境に恵まれている。

自然環境に恵まれていることは、いうまでもなく自然水や水文化にもつながり、古くは昭和60(1985)年の「昭和の名水百選」で市内の「御手洗池(みたらしいけ)」が認定されているのに引き続き、「平成の名水百選」平成20(2008)年では「藤瀬の水」が認定された。この名水、別称で〝藤瀬の霊水〟とも呼ばれている。全国で名水を霊水と呼ぶところは少ない。しかしこの名水は生活用水はもとより、伝説による思わぬ病の治癒効果と地域の活性化・経済効果を生み出し、まさに霊水にふさわしい功績を残している。そこで霊水と呼ばれるこの名水の歴史や管理、そして効用、経済効果などを現地で聞いてみた。

名水を拠点に公園化

その名の由来は、遡ること34年前。能登地方に残る最古の農家（国指定重要文化財）主である座主正盛氏が重度の神経痛に病んでいたが、ある時、夢枕で月光観音に「山の湧水を飲め」と告げられ約10カ月ほど飲用した結果、痛みが完治した。そこで氏は病で悩む人にこの水の効能を伝えた。その結果いずれも快方、治癒したという。これが伝説となり藤瀬の水は〝霊水〟と名付けられたという。なぜ病に効力を発揮するのか。大学機関で水質解析が行われたが「ゲルマニウムを多少含み、また湧水地近辺には薬草が生息、そうした環境から膠原病や痛風の完治、血圧の低下などの諸効果が得られたのではないか」と推測されているが、今日まで効き水として近隣から他県にまで知れ渡るほど人気とその名を高めている。

現状は平成6（1994）年に設立された「藤瀬霊水公園管理組合」が湧水利権の調整や貴重な水資源活用策などを織り込んだ公園化施設として管理運営を行っているが、その効能から参観者らが後を絶たず、駐車場料金や入園料など年間で約1200万円の運営費用を確保できるという。名水（霊水）を販売するのではなく、その機能・効能が人気を博し、潤沢な財源を生み出す好循環状態が続いている。どこでも苦悩する管理への十分な資金手当てを、ここの管理組合の場合は「知恵と努力が好結果に結びついている」と川畑義明・前藤瀬霊水公園管理組合理事長は説明する。

名水は最近、自然水を求める愛好者が増え、人気だ。しかし名水拠点を公園化し商業化するところは少ない。「藤瀬の水・霊水」は潤沢な資金もあって公園作業による高齢者の雇用、棚田や公園施設の整備、運営など地域活性化への寄与が大きい。平成17（2005）年には石川県知事から「石川地域づくり優秀賞」、平成20（2008）年には総務大臣から「地域づくり優秀賞」を受賞するなど、地域活性化につながる主役を名水が演じている事例は、今後の水・環境事業展開の参考になりそうだ。

【アクセス】

鉄道：のと鉄道「能登中島駅」下車→バス：（富来(とぎ)・西谷内(にしやち)行き）「藤瀬」下車→徒歩15分

平成25（2013）年11月25日付掲載

参観者が後を絶たない藤瀬の水

57 須川岳秘水「ぶなの恵み」（岩手県一関市）

住民がブナ林伐採を阻止

ＪＲ一ノ関駅から25㎞西方の山中の国道３４２号線沿いに湧くこの湧水は、須川岳（栗駒山）のブナ林によって育まれ、水量は豊かで、水質も非常に良好だ。遠くから水汲みに訪れる人が多い。地元自然保護団体によって水汲み場が整備され、周辺の清掃、自然観察会などが行われ、守られている。

この湧水は３００年以上も昔から湯治場として開かれてきた須川岳山麓にある。湯治客や荷物を背負い登山道を駆けた強力（ごうりき）たちの喉を潤してきた「ひゃっこ水」（冷たい水の意味）として地元に伝わってきた。しかし、道路整備に伴い所在が分からなくなり、幻の名水となっていた。

ブナ原生林の伐採、スキー場計画が持ち上がった時、ブナが育む水源涵養機能が失われることを危惧した地元住民が立ち上がり、昭和63（１９８８）年に「須川の自然を考える会」（現在はＮＰＯ法人）を組織し、自然保護を訴えるとともに平成５（１９９３）年から名水探索を始め、平成12（２０００）年についに発見した。湧水を確認したのは40年ぶりという。

考える会は湧水を誰でも利用しやすいように、平成12（２０００）年に林野庁の許可を得て、湧出口から国道沿いまで導水、石を積み重ねた仮設の給水口を整備した。翌年には市民の寄付と工事関係者の無償協力で立派な水汲み場ができた。自動車で来る人が多いので駐車場も整備された。安心して飲めるよう水質検査証明書も掲出。多くの人が訪れ、市内の飲食店や地ビールの仕込み水としても利用されている。

地震で崩落し、地震の怖さを伝える祭畤（まつるべ）大橋

現在の名称は誰でも親しみやすいようにと、8年前に一般公募により付けられた。

須川岳は火山で、酸性の強い源泉が湧き、源泉が流れる川は酸性で「酢川」とも呼ばれてきた。このような環境でこの湧水は直接飲めて希少性が高い。しかし冬季は積雪で国道が通行禁止となり、5月から11月までしか利用できない。

須川岳は岩手県側の名前。秋田・宮城県側は栗駒山という。一帯は国定公園で、採取が規制される指定植物が多種存在するなど、豊かな生態系に恵まれている。

案内してくれた会の理事長、熊谷健さん(80)は発足時からの中心で、「会員が高齢化して会の活動が心配だったが、最近若い人も参加するようになった」と、東京で暮らす息子さんが手伝いに来ていてうれしそうに語った。水汲み場は6本のパイプから水がとうとうと出ているが、1本は龍の口から水が出る仕掛け。龍は水の神なので、妹さんの家で不用になった龍の置物をもらい、手作りで作ったとのこと。

湧水に行く途中で、平成20（2008）年6月の岩手・宮城内陸地震で崩落した祭時大橋がそのままになっていた。地震災害の教訓を忘れないように、展望の丘公園を整備、落下した大橋や谷に崩れた国道をそのままの姿で見学できるようになっている。また、湧水の隣にも内陸地震復旧の石碑と解説板があり、被害を伝えている。

須川岳秘水「ぶなの恵み」の水汲み場

【アクセス】
鉄道：JR東北新幹線「一関駅」下車→バス：岩手県交通路線バス（須川温泉線）「須川温泉停留所」下車（約90分）→徒歩40分

平成25（2013）年12月26日付掲載

58 熊野川（川の熊野古道）（和歌山県新宮市）

世界遺産唯一の川の参詣道

熊野川は古くから熊野詣での「川の参詣道」として利用されている。平成16（2004）年7月に熊野古道等が世界遺産に登録され、世界遺産では唯一の「川の参詣道」で、歴史と文化に富んだ清流である。熊野川下りの船頭などの関係者が行政と一体となって、川の保全・清掃活動を行い、清流を守っている。

熊野川は紀伊山地の北部から熊野本宮大社を経て南流し、熊野灘へ注ぐ。全長183㎞。下流の河口部に熊野速玉（はやたま）大社が鎮座しており、平安時代から中辺路（なかへち）ルートで熊野三山を参詣する場合、本宮大社から速玉大社まで熊野川の舟運を利用することが多く、「川の熊野古道」といわれる。

両岸には深い山々が迫り、悠々とした大自然の中に点在する奇岩怪岩は絶景である。12世紀には「熊野権現の持ち物」と考えられ、様々な伝承が語られてきた故事来歴がある。

上流で伐採された木材は筏に組まれて河口の新宮に運ばれ、熊野川は新宮の発展を支えてきた。この筏流しと密接な町がかつてあった。川原につくられた町で、洪水の時には家をたたんで

台風の爪痕が残る御船島

避難し、水が引くと家を建てるという組立式の家屋で川原家と呼んでいた。現在、木材輸送は陸路に代わったが、筏流しは支流の北山川で観光筏下りとして昭和54（1979）年に復活した。

また、熊野川の水は新宮市の水道用水に利用されている。毎年、春先から夏場にかけて大水で流れ着いたごみの清掃を、新宮市熊野川町田長から速玉大社裏までの間を2回ほど行う。また地元カヌークラブと共同で熊野川の清掃を定期的に行っている。

世界遺産登録を契機に市民に熊野川に対する思いと誇りが高まり、川へのごみ投棄が減少、河川愛護の関心が盛り上がっている。また、川の水生生物調査が小学生を中心に行われ、調査・研究結果の発表会も開催されている。

熊野川は魚類ではカジカ、ヨシノボリ、ヌマチチブなどのカジカ科やハゼ科を中心に上流まで遡上する回遊魚の割合が約26％と高い。また、サンショウウオの仲間やヒキガエル、カジカガエルといった山地渓流性の両生類やカワネズミが確認され、自然生態系が豊かだ。

しかし、平成23（2011）年9月の台風12号による豪雨で、熊野川は各所で氾濫、土砂崩れも発生し大きな被害が出た。下流では堤防を越えて市街に濁流が溢れた。川の両岸には今も流木、倒木がそのまま残っているなど爪痕が見られる。現在も崖の土砂止め等の復旧工事や土砂で浅くなった川底の浚渫工事が続いている。

このため、新宮市商工観光課の赤松勇人主幹は「水害の復旧対策が優先で、熊野川の保全活動が十分に行えないのが実情です」と、予想外の水害に当惑気味だが、「今年(※)は世界遺産登録10周年なので積極的な活動で盛り上げていきたい」と意欲を語る。

【アクセス】
鉄道：JR紀勢本線「新宮駅」下車→無料送迎バス（約25分）

※平成26（2014）年1月30日付掲載

筏下りを楽しむ観光客

59 古座川（和歌山県東牟婁郡古座川町・串本町）

自然と生きる元気ある川

古座川は、熊野五古道のひとつである大辺路（田辺〜串本〜熊野三山）が、その河口を渡し舟で渡るルートであるとともに、海が荒れた時の避難街道として使われた古座街道沿いを流れる川であり、歴史と自然の魅力に溢れている。その源は紀伊半島南部の最高峰大塔山に発し、急峻な山間を縫い、蛇行しながらやがて山中を東西に走る古座街道沿いを流れて熊野灘に注ぐ。司馬遼太郎は、その著「街道をゆく」の中で「熊野・古座街道」として、地図の上でさえ物寂びた感じのする古い道、と表現している。

流域の至るところには、一枚岩や虫喰い岩、牡丹岩、少女峰等と呼ばれる、奇岩奇峰の一群が顔を出す。これは「古座川弧状岩脈」と呼ばれる均質かつ硬く固結している流紋岩質凝灰岩が風化、侵食せずに残ったものと考えられている。とりわけ一枚岩は、高さ100m・幅約500mの巨岩であり、このように巨大な岩体のまま残存する例は稀なことから国の天然記念物に指定されている。

上流域には七川ダムを擁し、下流域では最大支流の小川と合流し清流古座川となる緑豊かな森林とともに、そこに生きる人々の生活の術を長い歴史とともに支えてきた。特に上流部は林業が盛んで、古くより「古座川材」と称する良質の材木を産してきた。江戸時代には、良質の備長炭が新宮まで川を下り、現金収入のもとになっていたという。昭和の初め頃には、帆かけ舟が古座川の急流を行き来し、山からの生産物と里からの食糧や消費財を集散し、上流の真砂（まなご）は流通要所として栄えたという。

滝の拝

清流古座川の象徴のひとつは、アユだ。餌やとりを使わないで道糸におもりと錨型の3本針を2、3本つけただけの仕掛けで、竿の上げ下げでアユを引っかけ釣り上げる「トントン釣り」、松明（たいまつ）の明かりで逃げるアユの習性を利用した伝統的な古座川火振り漁にその歴史を感じる。

歴史と自然の魅力に溢れる川とともにあるのが古座川町である。古座川町および隣接する串本町の生活水の大半が古座川に依存しており、古座川町は簡易水道を有するほかに、一部の地区は串本町が給水している。昭和31（1956）年に1町4村が合併してできた町であり、合併当時は1万人いた人口も、今では３０００人弱と大きく減少し、さらに小規模集落が散在するという特性から水道普及率は低いようだが、将来に向けて水の安定供給対策も重点施策に掲げている。

その背景には、将来像に、「清流に元気あふれるまち〝古座川〟」を掲げて、豊かな観光資源を活かし、また高齢者対策や子育て支援、資源を活かした産業の振興に加え、過疎化対策としてＵターン、Ｉターン者の受入れに取り組むこと等を積極的に行うことにより、来訪者増大、人口減の歯止めを図る町の姿勢がある。産業振興課の竹田規剛氏は、清流と豊かな緑を財産とする町の色々な取り組みを熱く語った。特に清流を守る活動は、古座川流域協議会を中心にして行っている。町としても地域を挙げて古座川のクリーンキャンペーン、川崎市の小学校を迎えての林間学校、カヌー体験、キャンプ利用地勧誘等、積極的に展開している。

町に暮らす人を大切にし、外から訪れる人も大切にする、祓川（はらえがわ）とも呼ばれた古座川の神宿る自然と共生する人々の心の広さに感動した。

一枚岩と古座川の流れ

【アクセス】

鉄道：ＪＲ紀勢本線「古座駅」下車↓徒歩すぐ

平成26（２０１４）年2月24日付掲載

那智の滝（和歌山県東牟婁郡那智勝浦町）

日本一の名瀑の水を守る

那智山には四十八滝、さらにこれらを取り巻く原生林、熊野古道、熊野那智大社、那智山青岸渡寺など名所がたくさんある。とりわけ原生林を流れて落ちる「那智の滝」（落差１３３ｍ）は銚子口の幅13ｍ、滝壺の深さは10ｍの日本を代表する名瀑で、熊野の山塊、その奥方より流れ落ちる姿は圧巻である。

銚子口の岩盤に切れ目があって、三筋に分かれて流れ落ちるところから「三筋の滝」とも呼ばれている。飛瀧神社の御神体として古来より崇められ、観光客が絶え間なく訪れる、熊野を代表する景勝地となっている。平成16（２００４）年に世界遺産「紀伊山地の霊場と参詣道」として登録された。

「那智の滝」の源流域にはイスノキ、シイ、ウラジロガシなどこの地域を代表する照葉樹林の林相を示している。密生した高木層のみならず、シダ植物やつる性植物などの林床植物なども豊富であり、原生状態を維持している貴重な森林である。しかし、近年シカ、イノシシ、アライグマなどによる森林被害が出始め、町民による駆除に対して助成する対策を講じている。

青岸渡寺と那智の滝

那智山原始林には水源の涵養、水質保全、土砂流失の防止のほか、癒し効果といった様々な機能がある。この自然を保全するため、那智勝浦町は「那智の滝源流水資源保全事業基金設置条例」を策定した。そのほとんどが民有林で伐採される可能性もあるため、源流の水資源を保全するには源流域の山林を将来的にも維持管理していくことが重要である。そこで「ふるさと創生資金」として配分された1億円を基金に繰り入れ、事業をスタートさせた。町は源流域の民有林買い取りを考えている。

滝の水が流れる那智川や、那智川原生林に源を発する那智川支流の市野々浄水場の水道水源や農業用水などの生活用水として使用されている。那智の滝の下流の水質を保全するため、参拝客が多く訪れる那智山地区には特定環境保全公共下水道が整備されている。

また那智の滝自体が飛龍神社の御神体であり、この滝を崇め、その上には注連縄(しめなわ)が張られているのを仰ぎ見ることができる。毎年7月9日と12月27日の2回、古来の神事にのっとり「御滝注連縄張替行事」が行われている。

高度経済成長期には森の木が伐採され、滝の水が少なくなり、涸れることが危ぶまれた。町では昭和36(1961)年に「滝の水資源対策委員会」を発足させ、水資源の確保とその環境保護に力を注ぎ、滝の水の枯渇の心配は一応薄らいだ。

町役場総務課の岡崎裕哉さんは「那智の滝は町の重要な観光資源であるので、源流を保全しきれいな水資源として活用、後世に伝えていかなければならない」と強調している。

【アクセス】
鉄道:JR紀勢本線「紀伊勝浦駅」下車↓
バス:(那智山行き)(30分)「滝前」下車

平成26(2014)年3月31日付掲載

日本最大の落差を誇る那智の滝

61 堂来清水（滋賀県長浜市）

小学校の環境教育に活用

滋賀県北東部、岐阜県との県境に降った雨水が姉川支流草野川上流の河畔、山裾の岩の間からこんこんと湧いている。日量1700ｔと豊富だ。地元の人々から神聖な水として崇められ、清水の清掃や付近の除草作業など定期的に行われて守られている。また、地元小学校の環境教育にも活用されている。

まず長浜市役所で環境保全課の草野誠さん、吉内弥生さんから資料をもらって説明を受けた。車で30分ほど、川沿いの山道で気をつけていないと通り過ぎるほど、ひっそりと堂来清水はあった。

水源は約7㎞奥にある奥の池（夜叉ケ池）と伝えられている。古くから薬用水として人々に飲用されてきた。今から1100年以上前、干ばつで農民が餓死寸前に追い込まれた時、野瀬の天吉寺山の草庵のひとつ、「月の坊」という寺の住職である槻之坊が、農民とともに奥の池に住む白龍という龍神に雨乞いしたところ、麓の堂来に清水（湧水）が出るようになったという言い伝えがある。

湧き出し口の上に安置されている小さな「堂来地蔵尊」とともに信仰され、地元では湖北地方に残る五穀豊穣を願うお祭り「オコナイ（神事）」で使用するもち米を研ぐ神聖な水として地域の伝統行事に使われている。

清水の保全活動はすぐそばにある白龍神社の奉賛会と地元の高山町自治会が協力して行っている。白龍神社の春と秋の大祭前に行われる清掃を中心に周辺の除草のほか、石碑や地蔵尊の掃除など。地蔵尊の「お守り役」に白龍神社の関係者が任命され、花の活け替えや賽銭の管理などとともに清水の管理が日常的に実施されている。長浜市も案内板を立てるなど堂来清水の保全に力を入れている。

湧き出し口の上部に地蔵尊がある堂来清水

高山自治会長の高山五重（いつしげ）さん(62)は「堂来清水は昔から大事にされてきました。神秘的な薬効があると伝わり、遠くから水を汲みに来る人も見られます。名水を後世に伝えるべく守っていかなければと思っています」と語る。

近くの上草野小学校（今年(※)3月で閉校、

4月から下草野小学校と統合し浅井小学校と改称）は学習の一環として活用している。最後の校長となった八木正隆先生は「5年生になると、県による琵琶湖学習船に乗って宿泊体験学習があります。その時、堂来清水の水を持っていき、琵琶湖の水と比べます。清水はきれいなのに流れていく琵琶湖は汚れている。琵琶湖を汚さないためにはどうすべきか勉強します。4年生は山の子体験学習があり、地元の人に堂来清水について説明していただき学びます」と語った。

　堂来清水の飲用についての注意書きは特になかったが、清水から上は山で森林地帯、人家はなく問題なさそうだ。置いてある柄杓で汲んで飲んでみると、くせのないまろやかな味がした。

【アクセス】

鉄道：ＪＲ北陸本線「長浜駅」下車↓

バス：（近江高山行き）「高山」下車↓

徒歩約20分

※平成26（２０１４）年4月28日付掲載

白龍神社の前で堂来清水の話を聞く小学生

62 一本杉の湧水（島根県鹿足郡吉賀町）

清流高津川　水の旅はここから

島根、広島、山口の県境に、ダムのない一級河川である高津川が流れ、日本海に注いでいる。一本杉の湧水はその水源である。国土交通省の一級河川水質調査では、水質日本一の川である。この地方では、田植えの時に「朝はかの農神様はどちらの方からおいでるの　龍の駒に錦の手綱で東の方からおいでるの」（龍にまたがった田の神様が日の出の方角から現れる）と唄われ、田の神様は、太陽と龍（水）の結婚によって生まれるという竜神伝説が古くから伝えられている。

一本杉の湧水には小さな池があり、池底からは日量３ｔの清らかな伏流水がこんこんと湧き出ている。かつて、干ばつが起きると、村人はこの池に藁で作った大蛇を入れて雨乞いをした。すると、たちまち雨が降ったことから、大蛇ヶ池と呼ばれるようになった。傍らに樹齢１０００年ともいう「一本杉」と呼ばれる古木が池を守るようにそびえ立っている。

毎年6月に「雨乞い神事」が行われている。藁で編んだ大蛇をかついで大蛇ヶ池で水をかぶるお祭りだ。現在は、水源公園として整備されており、この地域の「若杉会」によって清掃など、保全管理されている。また、「雨乞い神事」も「若杉会」の人たちにより伝承されている。

一本杉の湧水地

会長の大庭次男さんによると、藁で編んだ大蛇をかついで池の周りを練り歩き、大蛇とともに池に飛び込み冷たい水で身を浄め、最後に一本杉に大蛇を巻き付け、雨が降るのを願うという。良質の藁を多く使うため、最近は、藁が手に入りにくくなってきているのが悩みとのこと。藁で編んだ大蛇は、「いつまでも継承されなければいけない」と思わせるほど見事なものであった。

水源公園の中にある水源会館も素晴らしい建物だ。中に入ってみると、厳かな雰囲気が漂っていた。ここの主柱は、欅の巨大長尺柱が使われていた。欅の力なのか、日本人であることの、誇りのようなものを想い起こさせる空間になっている。毎年6月の第3日曜日に行われる水源祭りの際には、ぜひ見ておきたいものである。

また、ここの水で墨をすると書が上達するという言い伝えもあり、多くの書道愛好家が大蛇ヶ池の水を汲みにやって来る。

きれいに整備された水源公園では四季折々の花が楽しめ、水路には限られた清流にのみ育つ水棲植物「ヒメバイカモ」が自生している。また、近くにはカタクリの里もあり、この地域周辺が自然を満喫できる場所となっている。

素晴らしい無形、有形の文化が守られていることに、心少し安堵して感謝の念で旅を終えた。

【アクセス】
バス：六日市交通バス「六日市駅」から（初見行き）「星坂口」下車↓徒歩2分

平成26（2014）年5月29日付掲載

一本杉の湧水「水源祭」

63 潮音洞（山口県周南市）

荒地を沃野に変えた灌漑事業

潮音洞は漢陽寺の裏手にある水路用の隧道で、長さはおよそ90ｍ。寺の裏山を貫いて錦川上流の流れを引き込んでおり、出口側にある石積みの開口部からごうごうと水が流れている。江戸初期の慶安4（1651）年鹿野村の住人、岩崎想左衛門重友が私財を投入してここに隧道を掘り、下流の台地に流す工事に取り掛かり、3年後に完成させている。

鹿野は台地で、周囲を迂回するように渋川・錦川が流れているため農耕に適さない乾燥した土地が広がっていた。ここに水を引けば農耕が可能となり、人々の暮らし向きも良くなる。灌漑工事は人々にとって長年の悲願でもあった。現地調査を進める中で、想左衛門は台地の端に位置する漢陽寺裏手の山を掘り抜くことを決意し、その準備を始める。

田畑の面積が藩の財政と密接な関係にあった当時のこと、新田の開作にも直結するこの工事では、当然ながら領主である毛利藩に伺いを立てており、その際の古文書も残っており誠に興味深い。

隧道の掘削は岩盤が固く、予想通り大変な難工事であったが、足掛け4年の苦労の末に遂に完成させる。鹿野台地へ水を引くことを想左衛門が思い描いてから十数年の月日が経過していた。

潮音洞出口

隧道を通って流れ出た水は一部が寺院内の庭の中を流れ、再び外部に出ていく。そこから先は水路がいくつにも分岐しながら台地の端まで川の水を運び、広大な耕作地を生み出して村人の生活を大きく変えることとなった。

現在、潮音洞を含めてこの辺り一帯の水路は「清流通り」として整備されており、この地を訪れる人たちの遊歩道となっている。

こういった歴史を持った潮音洞ではあるが、今でも「どこで水を汲めばいいのか」という問い合わせがありますと、案内役をしていただいた周南市観光ボランティアガイドの会副会長、原田明さんは苦笑していた。どうやら、名水なら湧水、湧水なら水汲み、と早合点する人たちがいるらしい。

遊歩道を歩いてみると至るところに水路が張り巡らされ、水量豊かな流れが道路脇を走っている。まさに水豊潤な大地という感じであり、かつてこの地が井戸を掘っても涸れてしまうような乾燥した土地であったとは、今では想像するのも難しい。

　こうした潮音洞にも水の流れが止まる時がある。地元の小学生の社会教育を兼ねて隧道内を歩くイベントがなされる時だ。隧道内は天井が低く、大人には困難な通り抜けも、背丈の低い子供であればそう難儀を伴わずに行えるという配慮かららしい。

　はるか遠い昔、耕作に適さなかったこの地を沃野に変えた先人の苦労を偲びながら、友と一緒に隧道内を歩くという経験は子供たちに強い印象となって残るようである。「私も小学生の時に一緒に歩きました」。案内に同行してくれた役場の女性はそう語ってくれた。彼女のどこか誇らしげな表情が印象的であった。

【アクセス】

車：関東自動車道「鹿野ＩＣ」↓3分

平成26（2014）年6月30日付掲載

潮音洞からの水を引き込んだ漢陽寺日本庭園

64 右近清水（福島県相馬郡新地町）

地元の熱意が支える名水

太平洋岸で宮城県との県境に位置する新地町。海岸側は東日本大震災で津波被害を受け復興途中だが、遅れているようだ。ＪＲ新地駅は津波で跡形もないが、停車中の列車に乗り合わせていた新人警官２人の機転で避難し、乗客全員が助かったという美談が知られている。

市街地から少し山側に入った溜池のほとりに湧く右近清水は、地域の人々による植樹等の環境整備、定期的な下草刈、清掃など保全活動によって守られている町自慢の名水で、湧水量１日50t。県外からもこの名水を求めて訪れる人が多い。

一時は埋もれていた右近清水であるが、菅ノ沢溜池を管理する谷地小屋水利委員会が中心となり、豊かな自然を再生しようと昭和63（１９８８）年清水や溜池の環境を整備、溜池の入り口周辺に40本の桜を植え保全活動を始めた。この取り組みが評価され、平成２（１９９０）年10月、福島県原町農政事務所から表彰された。

戦国大名・伊達政宗の孫、伊達右近宗定が終生の地として家臣とともに当地に移り住み、新田開発や植林を行って地域の発展に尽力、この清水を賞味しながら暮らしたことから、平成２（１

東屋がつくられた右近清水

990）年11月、地元の人々から「右近清水」と命名された。

これを契機に右近清水の案内・説明・水質検査証明書の看板、命名経緯の石碑を設置。近くの龍昌寺の斎藤崇淳住職は「清水でノドの渇きだけでなく心の渇きも癒されるように」と、右近清水の隣に持経観音を安置、説明の石碑も建立した。

平成12（2000）年には雨が降っても濡れないように右近清水の上に東屋（建設費231万円）を建設、周辺にツツジやサツキを植え、休憩所、遊歩道、駐車場を造った。

東屋設置を機に同水利委員会OBらで同年NPO法人「右近清水と桜を守る会」（百井宗夫理事長）を組織し、溜池を取り囲むように約1500本の桜を植え（桜の回廊）、石製のテーブルを配置したベンチなども整備した。今では花見の名所になっている。同会は意欲的に保全活動を続けており、地元新聞社が主催する「みどりの大賞」を平成21（2009）年に受賞している。現在の会員は62人。

右近清水は自噴しやすいようにパイプを打ち込んで水量を確保、石を組んで水槽を作り、樋（とい）をつけて水汲みが楽にできるようにした。水槽の上には小さな祠を祀る。東屋などの整備費用はすべて地元の人々の寄付である。名水にかける地元の熱意が分かる。

守る会の水戸嘉一・事務局長（70）は、「水源は遠く蔵王（山形・宮城県境）という説もあります。日照りでも涸れたことはありません。カルシウムが多く含まれ、鉄分が少ないおいしい水です。この名水を後世に伝えるため、次世代を担う子供たちとの活動に力を入れていきたい」と語る。

新地町内にはほかにも「真弓清水」「いっぱい清水」という名水が湧く。名水の里である。

【アクセス】

鉄道：ＪＲ常磐線「新地駅」（震災のため不通）下車→徒歩５分

鉄道：ＪＲ東北本線「福島駅」下車→車で１時間30分。または鉄道：ＪＲ東北本線「仙台駅」→車で１時間。

平成26（２０１４）年７月31日付掲載

右近清水の湧き出し口

65 大沢内溜池湧き壺（青森県北津軽郡中泊町）

季節限定、幻の名水

津軽は江戸期以来、東北地方有数の穀倉地帯であった。弘前から五所川原を経て北上するとほぼ国道339号沿いに長橋、大溜池、大泊、小泊、大沢内と溜池が続く。これらの溜池が津軽の岩木川沖積地帯の米作を支えてきた。

弘前から車で約1時間、目指す湧き壺は溜池群最北端の大沢内溜池の奥まった片隅にあり、夏の間だけ近づける。大沢内溜池は江戸中期の宝永3（1706）年に津軽藩4代目藩主津軽信政の号令のもとに当時の大沢内川が堰き止められ、10年掛かりで正徳6（1716）年に完成した。「大沢内名水湧き壺保存会」の上野欣一さん（66）が元禄7（1694）年の記録にあると教えてくれた。沼の広さは約37haで、満水時の最深部は5m。最大貯水量は151万6000㎥。もちろん現役の灌漑用水で周辺約200haを潤している。

大沢内溜池を巡る湧き壺までのアプローチが楽しい。339号線からブルーベリー畑を抜けると溜池を見渡せる展望台を兼ねた休憩所に着く。そこから平成16（2004）年に完成した長さ180mの大沢内大橋を渡る。ぎしぎしと鳴る木橋が足裏に心地よい。葉たばこ畑を抜けて、さ

湧き壺までの約300mの下り階段

らに１５０ｍのしらさぎ橋を渡って対岸へ。ここからゆるい起伏のある遊歩道が続く。ブナやナラに覆われた道は、足への衝撃も少なく快適そのものだ。約40分の道のりだが、最頂部の鳥居の辺りで、さすがに息が切れる。湧き壺へはここから約３００ｍの急勾配の階段を下る。途中この地方らしいイタコ信仰の祠があり、小さな鳥居をくぐると縦３ｍ、横２ｍほどの木枠に囲まれた湧き壺に到着する。

湧口周辺の砂が舞い上がる様が美しい。それほど透明度が高い。中泊町の平成の名水申請調査票によれば、真清水で無味無臭、濁度および色度は検出されていない。平成14（２００２）年の水質検査では、湧き水としては水質日本一の評価を得たという。湧水量は１日15ｔで、夏冬を通して水温はほぼ15℃で変わらない。

この日はボランティアも務める上野さんたちの案内で、約60人の生涯学習グループが訪れ、備え付けの長柄杓（ながひしゃく）を使って喉を潤していた。ただ、湧き壺に近づけるのは田植えが終った後の6月から8月頃までの3カ月ほどに限られる。その時期以外の満水時には水位が数mも上がり、水面に近い階段は水没し湧き壺は溜池の底に沈んでしまう。

保存会では小泊観光協会や商工会婦人部などと協力して、歩道の整備やごみ拾いなどに取り組んでいる。山桜の植樹も行った。上野さんは「春は水芭蕉が咲き、めずらしい植物も多い。冬にはオオハクチョウも飛来し、スノートレッキングも楽しめる。ウォーキング大会の計画もある」と通年の来訪者を期待している。

【アクセス】

鉄道：津軽鉄道「大沢内駅」下車↓徒歩約20分

平成26（2014）年8月28日付掲載

湧き壺

66 八王子よみがえりの水（広島県山県郡北広島町）

境内に湧くラドン冷泉が大人気

北広島町本地、八王子神社の境内には、古来より霊水として伝わる泉が湧いている。翼を傷めた鳥たちがこの水で傷を癒して元気になった、刀匠がこの水で名刀を鍛えた等、数々の伝説が言い伝えられている。

戦前、この辺り一帯は「八王子温泉」としてかなりの賑わいを見せていたが、昭和の初め（1926）年頃には温泉施設はすっかり廃れてしまったという。およそ半世紀が経過して時代が平成となった（1989年）頃、当時の繁盛を知る地元で霊水を復活させようとの機運が盛り上がった。平成4（1992）年には有志により本地地区街おこし組合を設立し、泉の再生と整備に取り組み「八王子よみがえりの水」として復活させることに成功する。併せて行った科学的な調査の結果、湧水中には極微量のラドンが含有されていることが判明した。ラドン泉に血行の改善や代謝を活発にする等、健康促進の効能があることは今日では広く認められている。

ラドンを飲用水として摂取できるこの湧水は、単においしい水というだけではなく、全国的にもめずらしい健康名水としてその名を知られるようになった。

「八王子よみがえりの水」の看板

中国自動車道のインターから車で10分という交通の便の良さもあって、地元はもちろん、県外からも大勢の人がこの水を求めてやって来る。休日には水を汲む人たちの行列ができるほどであり、年間利用者数が14万人に達したこともあるというから相当のものである。

国道からの入り口には「八王子よみがえりの水」の大きな案内看板が出ており、さらに現地までの沿道には幟（のぼり）が立ち並んでいる。遠くからでもよく目立ち、これでは道に迷いようがない。初めて訪れる人には実に有り難いことであり、駐車場に設置された臨時のお手洗い等とともに、遠来からの利用者に対する地元の人たちの配慮が読み取れる。

これだけの利用者を集める地域の人気スポットゆえ、泉と周辺施設の管理には街おこし組合も力を入れている。水を汲むのに料金を徴収することはないが、取水量には上限を設け、利用時間帯も定めている。施設内は隅々まで清掃が行き届いており、案内設備もよく整備されている。

手間をかけての維持管理、さらに無償での水汲みで果たして大丈夫なのかとやや心配になり、その辺りの事情を伺ってみた。本地地区街おこし組合、組合長の花木辰雄さんは「利用者数の規模からすれば、行政からの補助は十分とはいえず、組合費だけでは正直運営は難しいところもあります。しかし当地までわざわざ来て、喜んでいただける利用者の方を見ていると、そんなこともいっていられません。後は利用者の方々からいただく『志』でやっているような状況です」。

湧水を維持管理し、これを将来も守っていく側には、水を汲みに来る利用者には窺い知ることのできない苦労があることを改めて認識し、頭の下がる思いであった。

【アクセス】
車：中国自動車道「千代田ＩＣ」↓国道２６１号線経由(約10分)

平成26（２０１４）年9月29日付掲載

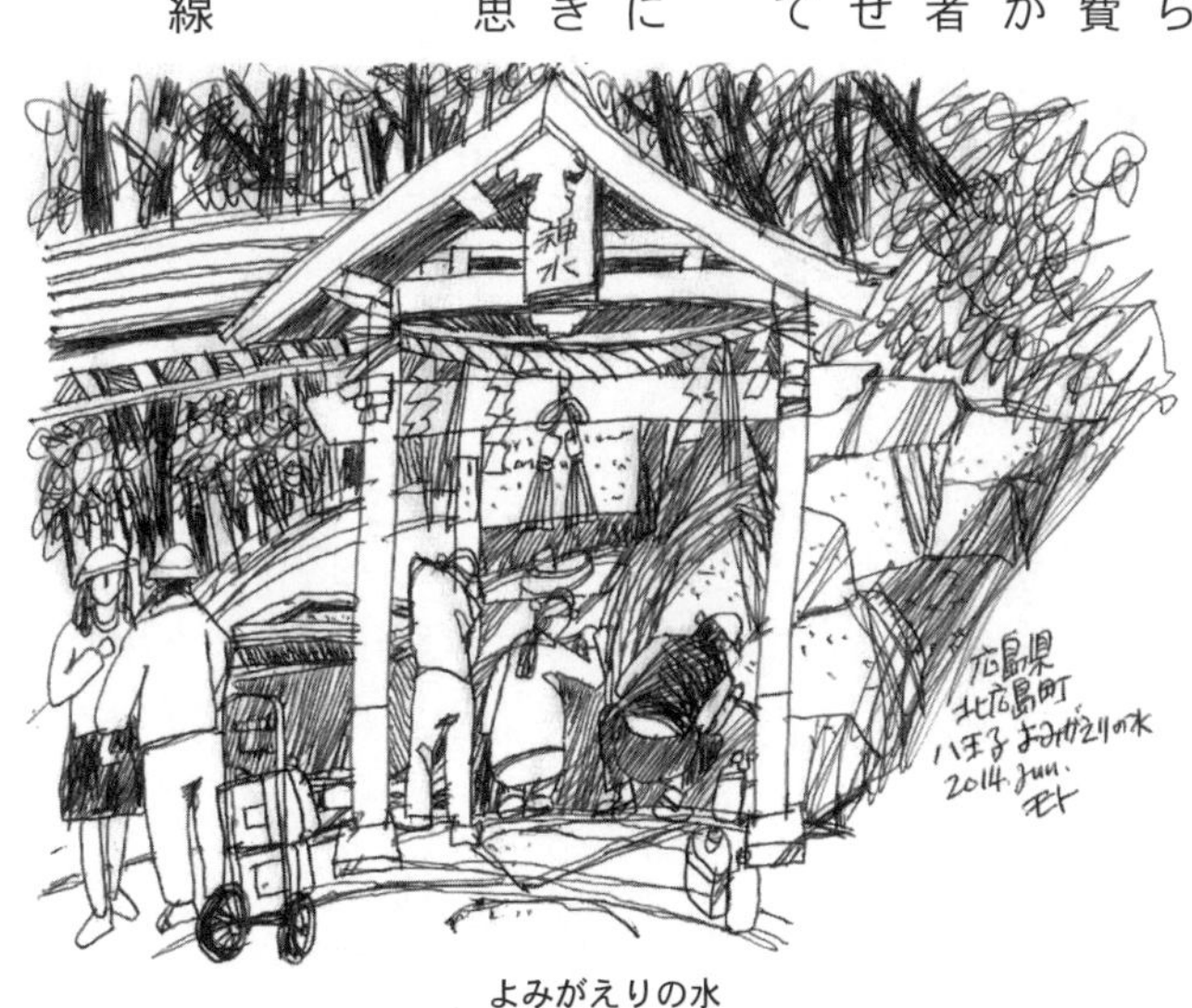

よみがえりの水

67 桂の滝（広島県呉市蒲刈町）

島民の連携により守られる命の水

「桂の滝」がある蒲刈町は、呉市の南東約５㎞の瀬戸内海に浮かぶ大小９つの島で構成される蒲刈群島にある。その名の由来は、神武天皇が辺りの蒲を刈って山道をつくらせたことから蒲刈。島内に古代の製塩施設跡や古墳等がある歴史深い島である。風光明媚な町で、県民の浜を中心としたリゾートアイランドとして注目を浴びている。

「桂の滝」は、上蒲刈島の秀峰、七国見山（標高４５７ｍ）中腹の桂谷の湧水を源とし、昔からどんな日照りや冬でも涸れることなく湧き出ている。「お釈迦さんの水」として古来より尊ばれ、大切に守られ現代に至っている。どんな病にも効くという言い伝えから、今でも島の内外から水を汲みに来る人が絶えない。訪れた日も水汲みに来た住民と出会い、コーヒーや水割りに最適だと誇らしげであった。滝の脇には「桂の滝精製所」を建て、滝水を瓶詰し島内のお土産店で販売している。

呉市産業部商工振興課の笠井課長、手納係長から、地元の自治会の活動の様子を聞く。島における清冽な水は大変貴重で、「桂の滝」の下流の宮盛地区は水道が引かれた現在でも、２つの箇易水道組合の約90戸が飲料水などに利用している。宮盛地区では、昔から田植えが終わる時期に「どろおとし」といわれる、池・川・水路・滝・農道などを掃除する行事が住民総出で行われており、水場の保全とともに関わりを大切にしている。

安芸灘大橋・蒲刈大橋と2つの橋を渡り上蒲刈島所在の蒲刈市民センターを訪問。森岡センター長の運転で、軽自動車が1台ようやく通れる柑橘畑の農道を登っていく。眼下に臨む穏やかな瀬戸内の風景は、「みかんの花咲く丘」を口ずさみたくなるような眺めである。

桂の滝周辺風景

「桂の滝」の現地では、「平成の名水百選」への応募当初から取り組んできた原田福造氏（宮盛区長・蒲刈まちづくり協議会長・安芸灘とびしま海道連携推進協議会長）とお会いする。蒲刈に生まれ育まれた氏は、郷里への恩返しを願い、定年後ふるさとの活性化に注力し複数の役職をこなしている。

橋ができたお陰で蒲刈群島9つの島が自由に行き来できるようになった。郷里の島々が点から線へとつながり、「安芸灘とびしま海道」と命名され島民は大いに湧いた。少子高齢化の波は、地域の農業・漁業・商業の活力を奪いつつある。美しい島並みの景観、歴史・文化・芸術、そして地域の素晴らしい資源を次世代につなげたいと郷里への熱い思いを語る。「桂の滝」周辺の環境保護や至当な水場確保のため平成20（2008）年「桂の滝を守る会」を結成し、保全活動を進めている。結成当初は73人のボランティアで始めたが、近年は高齢化と若年層の島外への転出が続き減少している。水質はもちろんであるが、こんな小さな島にある滝でありながら年間通じて渇水しないということこそが、名水百選に応募した動機であると、当時の迸る想いが輻射熱（ふくしゃねつ）のように伝わった。

竹の樋から流れ落ちる水を両手に受け口をすすぐ。ひんやりした水が喉を通り全身に沁（し）み渡る。「桂の滝」の水は、8月6日の原爆の日の早朝、被爆直後に水を求めて亡くなった人々の霊を鎮めるため、平和記念公園の原爆慰霊碑に捧げられる。こんこんと湧き出る清水に平和を祈った。

【アクセス】

鉄道：JR呉線「広駅」下車↓バス：とびしまライナー（豊・豊浜・蒲刈方面行き）「蒲刈支所」下車↓徒歩30分

平成26（2014）年10月30日付掲載

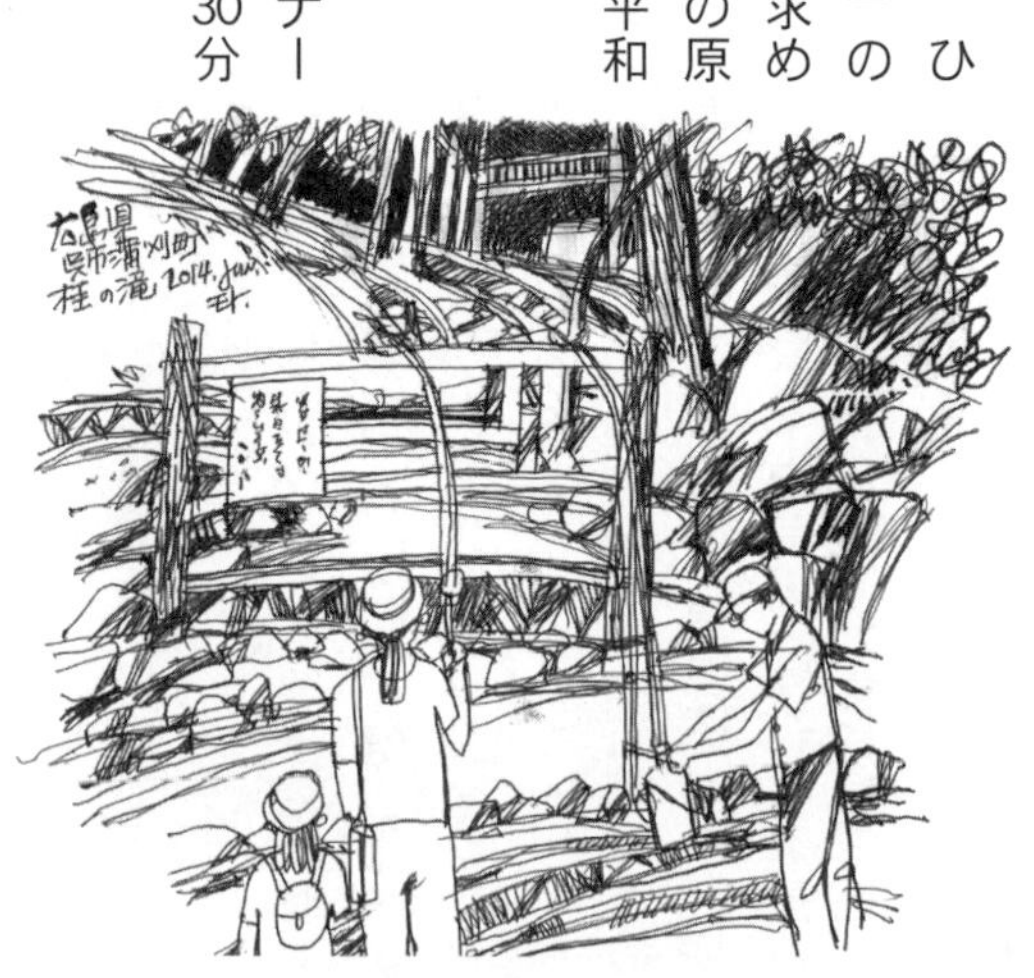

竹の樋から流れ落ちる桂の滝

68 三明戸湧水、阿字雄の滝（大井湧水群）（山口県萩市）

命の水と伝説の滝

大井湧水群は阿武火山帯の溶岩台地・大井羽賀台の西に点在する一群の湧水や滝を指す。世界的にもめずらしい単成火山群である阿武火山帯が生み出す、大小様々な溶岩が複雑な地形地層を織り成している。それが天然の浄化装置となり澄み切った水を溢れさせる。豊かな水量は100０年以上も前から変わらず、飲料水として、また灌漑用水として住民に恵みをもたらしてきた。

萩市は、大井湧水群を平成の名水として申請するに当たって、その重要な構成要素として、まず「三明戸湧水」を挙げた。県道から大井川に架かる市橋を渡ると、間もなく本郷地区に入る。集落のつきあたりに湧口があり、こんこんと水が湧き出て、それが集落に沿った水路となり流れ下っている。水量は1日当たり９８８４tに達する。水温は14℃と年間を通して変わらない。そばにはこの湧水をろ過滅菌する、まだ新しい簡易水道の浄化装置が設置されている。元萩市市議の西元勇さん(74）によると、かつて付近の住民は直接湧水を汲み上げ飲料水、そして生活用水としてきた。西元さんは地区の上水道設置推進協議会の会長として上水道設置の運動に取り組み、平成19（２００７）年11月に「三明戸湧水」を水源とする簡易水道を完成させた。本郷や坂

三明戸湧水の源泉

本など5地区約430人が恩恵に浴している。本郷町内会は定期的に清掃を実施するなど水質と環境保全に力を入れている。

萩市がもうひとつ名水の構成要素として申請調査票に盛り込んだのが歴史的文化的背景を持つ「阿字雄の滝」である。「三明戸湧水」から450mほど下り、小さな標識を右に入った民家の敷地を抜けると滝に辿り着く。長い年月を経て生成された、俗に俵石と呼ばれる6角形の柱状節理が何本も立ち並び、これが壁となって水が流れ落ちている。目に見える範囲では、高さは10m、幅は15mほどだろうか。高さ60mの瀑布とする説もあるが、これは背後の台地頂上から測ったものだろう。季節によってはほとんど涸れてしまうこともある。

ただ、滝には様々な言い伝えがある。滝の名の由来はアジ（昉・トモエガモの古称）の雄が住んでいたからだという。その昔この雄は山を隔てた阿字雌の谷に住む雌と交歓し子孫を増やした。古歌に「谷深きしげみにあじのおすとめすが春を待ちつつ恋渡るかも」とも。滝の近くに祀られている観音堂には高さ1尺1寸5分の木造観音が伝わっている。観音堂の小さな庭園は大内氏の庇護のもと、15世紀から16世紀初頭にかけ活躍した水墨画の巨匠雪舟の手になると伝えられる。かつて長州藩主の毛利氏が観瀑の催しを開いた、との記録も残されている。

昭和52（1977）年以来の「大井ふるさと愛好会」は、滝周辺の清掃や不要樹木の伐採などによる景観保持の活動を続けている。毎月17日の観音堂の供養日には参拝者によって滝周辺の清掃が行われている。それぞれ独自の個性を持つ湧水と滝は、恵みをもたらす大井湧水群として住民の生活を今も見守っている。

【アクセス】
バス：萩バスセンター（宇生賀行き）「市橋」下車
↓徒歩15分

平成26（2014）年11月27日付掲載

三明戸湧水、阿字雄の滝

69 山比古湧水（滋賀県愛知郡愛荘町）

森林組合や住民一体で保全

山比古湧水は鈴鹿山系の山裾、宇曽川の源流にほど近く、湖東流紋岩（秦荘石英班岩）帯を通って湧き出している。すぐ上の小さなお堂に鎮座する山比古地蔵尊にあやかり「山比古湧水」と名付けられ、昔から伊勢参りの旅人の喉を潤し、山仕事に携わる地元の人々により、ひっそりと守られて親しまれてきた名水である。地元の清酒、醤油、漬物、清涼飲料水などに利用されている。

山林緑化のため木々の保全管理や宇曽川渓谷一帯の定期的な清掃活動、自然観察会・ウォーキングの開催など、山比古湧水が憩いの拠点となるような活動が秦川山生産森林組合をはじめ地域住民一体となって行われている。

この地方に山比古湧水に関して、信心深い若者と山姥の伝説が語り継がれている。昔、大変信心深い老夫婦がおり、この湧水を山比古地蔵にお供えすると、息子にとても気立ての良い嫁を迎えることができた。また、その息子もこの湧水を山比古地蔵にお供えしたところ、喜んだ地蔵様が「お前の願い事をひとつだけかなえてやろう」といった。息子は「山姥がこの付近に住み着いて、村に降りてきては子供をさらい村人を苦しめているので退治してほしい」とお願いした。その山姥を地蔵様がこらしめて改心させ、村は平和になった。そして、息子夫婦は地蔵様によりかわいい赤ちゃんを授かり幸せに暮らしたという話である。

湧水は道路脇の岩の間に差し込まれた石製の樋からとうとうと流れ出ている。上のほうは急峻な山腹で立ち入り禁止。人家はなく、病原菌等の混入はなさそうだが、水汲み場には「自然水で自然条件により水質が変動します。飲用して事故が発生しても責任を負いかねます。愛荘町・秦荘観光協会」「煮沸してお飲みください。愛荘町」の目立つ注意書きの立札があった。他の名水によくある水質検査の証明書も貼ってなかった。そのせいか、水汲み場には柄杓やコップなど水を汲むものは置いてなかった。でも、せっかく来たので、自己責任で意を決して手ですくって飲んでみると、まろやかでおいしかった。

とうとうと湧き出す山比古湧水

湧水のそばには、山姥が地蔵と相撲を取った時ついた足跡があるという岩や、ほかにも大きな岩がいくつもある「山姥の岩めぐり散策路」が整備され、レクリエーションの場になっている。また、下流には宇曽川ダム（ロックフィル式）があり、ダムから眼下に広がる景色は壮観。宇曽川渓谷を訪れて湧水を汲んで帰る人は多い。

山比古湧水の源流である秦川山一帯は、江戸時代末まで地元の人々が生活のため木を切り、山が荒れていた。それを地元の篤志家が明治時代にかけてヒメヤシャブシという治山効果のある木の植林を30年以上続け、緑豊かな渓谷を復活させたという。

【アクセス】
車：名神高速「八日市ＩＣ」↓国道３０７号を彦根方面へ約20分。または名神高速「彦根ＩＣ」↓国道３０６号および３０７号を八日市方面へ約20分↓宇曽川右岸を山側へ約７分

平成26（２０１４）年12月25日付掲載

伝説にある山姥の岩めぐり散策路

70 曽爾高原湧水群（奈良県宇陀郡曽爾村）

名水を自動販売機でどうぞ

曽爾村は奈良県の東北端、三重県との県境にある。村の大半は山地で、曽爾高原は村の東部に広がる。高原の中心にあるお亀池に蓄えられる伏流水や周辺に湧き出る水が「曽爾高原湧水群」と呼ばれる。

湧水量は1日約150ｔ。昔から米作りや高原野菜の栽培など農業用水に利用され、高原の麓の太良路地区の生活用水として活用されている。また、最近は特産品の地ビール「曽爾高原ビール」の醸造にも使われている。

曽爾高原では貴重な植物であるササユリや湿原特有のサギスゲの最南限の群生、また、紀伊半島には稀なウルシも確認されるなど、湧水群が豊かな生態系を育む源となっている。

この豊かな自然を保全するため、地元の住民、団体、村役場が一体となり、定期的なごみ集め、河川清掃等の活動が積極的に行われている。

お亀池周辺に群生するサギスゲ等の成長を促し、病害虫を駆除するため、毎年春先に役場と地元住民により山焼きが行われ、現在では観光イベントになっている。この山焼きは歴史が古く、

100円20ℓの名水自動販売機

約1000年前から行われているという。

曽爾村はぬるべの郷といわれ、古くから良質なウルシが採れる。倭武皇子（やまとたけるのみこ）が曽爾村に漆部造（ぬるべのみやつこ）を置いたのが漆塗りの始まりといわれている。

お亀池には大蛇伝説が残っており、大蛇が水を飲んだとされる場所は「水飲み」といわれ、地域住民の取水場となっている。

曽爾村役場を訪れ、名水担当の住民生活課の椿井雄一郎主事に名水の湧き出し場所を尋ねたが、場所は山の中で道路もなく、太良路地区の飲料水源になっているので安全面から公表していないという。でも、名水の自動販売機があり、その場所と水道を管理している太良路名水研究会の寺前正夫会長（71）を紹介してもらい、訪ねた。

同地区の名水は曽爾高原南端に位置する亀山（849m）の麓の県有地の岩の間から湧いている。貯水槽に貯め、ろ過して水道管で麓まで約4km、自然流下で太良路地区の50戸に給水している。水源には動物等が入らないよう柵で囲い、定期的に清掃し安全管理には気をつけているという。

名水研究会は平成20（2008）年の名水百選選定を機に組織し、会員13人、出資等の協力者

30人。最近、水道施設が古くなったので、１５００万円かけて水道管を取り替えた。でも水道料金は使い放題で年間５０００円。おいしい水が格安で利用できるわけだ。

名水の自動販売機は名水を求めて来る人があり、村のＰＲにもなると昨年4月に１００万円かけて設置した。水質検査合格の証明書を掲示。１００円で20ℓ汲める。１日１～２０００円の利用があるという。地下を通っている水道管から自動的に水が補給される仕組みだ。ホームページも開設するそうで、寺前会長は「これから少しずつ増えると思う」と期待している。

会長宅でコーヒーをご馳走（ちそう）になり、水も飲ませてもらったが、我が家のコーヒーとひと味違い、おいしかった。

【アクセス】

鉄道：近鉄「名張駅」下車→バス：（山粕（やまがす）西口行き）「太良路」下車→徒歩40分　※季節によって他アクセスあり

平成27（２０１５）年1月29日付掲載

一面すすきで覆われた曽爾高原・お亀池

71 七滝八壺（奈良県吉野郡東吉野村）

50ｍの懸崖に滝が連続

東吉野村は奈良県東部、三重県境に位置する。明治維新の先駆けとなった天誅組の最期の地、水道関係者がよく参拝に訪れる水神宗社の丹生川上神社などで知られる。

七滝八壺は大又川を遡って村東南部の山間にある。大又川に架かる吊り橋を渡ると目の前だ。滝の脇に急坂の遊歩道があり、7つの滝の直下に行くことができる。

1日の流量は1000t。高低差50ｍの懸崖に大小7つの滝が階段状に連続してあり、連なって水が流れ落ちる光景は趣きがある。滝の場所は渓谷になっており、秋は紅葉がきれいだ。滝の水は村の東部にそびえる台高山脈「伊勢辻山」（1220ｍ）を源とし、大又川に注ぐ。

7つの滝には7つの壺だが、七転び八起きのことわざになぞらえて七滝八壺と名付けられたという。古くからの言い伝えで七滝八壺に立ち寄り、清水を身体にかけて登山すると無事下山できるとされている。

近くの明神平には冬、霧氷ができ多くの人が訪れる。吉野杉の美しい人工林に囲まれる一帯は日本3大人工美林のひとつ。ブナ、ハウチワカエデ、ミズナラ等の落葉樹が繁茂、またカモシカ、ホンシュウジカ、ニホンザル等多くの動物が生息する。

七滝にはアマゴなど渓流釣りに多くの人が訪れ、自然を満喫できる観光名所になっている。清水を持ち帰る観光客もいる。

水質保全活動は、地元大又地区に20人ほどのボランティア組織があり、七滝八壺周辺のごみ収集および定期的な草刈等を実施、また村役場の職員互助会の50人程度が参加、協力して活動している。積極的な保全活動が行われていることから、奈良県選定の「やまとの水」にも指定されており、住民の水への意識は高い。

七滝八壺の下流に村営宿泊施設ふるさと村があり、キャンプ等に訪れる子供らに清流に触れ、水に親しみ、水の大切さを学ぶ環境教育を行っている。東吉野村は環境保全条例を制定、開発行為に対し自然環境と生活環境の保全に努めている。

村は七滝八壺に渡る吊り橋や案内板、トイレ等を整備し、誰でも気軽に行って

七滝八壺の上部４滝

水に触れられるようにして観光資源として売り出した。名水選定を機にポスターを作って、村のＰＲに活用している。

名水担当の地域振興課の女性職員、日浦友紀主査は名刺の表と裏にも七滝八壺の写真を載せ、力を入れている。「七滝八壺は四季折々に景観が楽しめます。村にはほかにも見どころが色々あるので、たくさんお越しいただきたいと思っています」と語る。

滝の上には人家がなく、滝の水は飲めそうだ。飲める名水はどこにあるか尋ねると「七滝の上のほうに水が湧いている場所があり、利用している人がいますが、衛生上の問題があるので村ではお勧めしていません」。

【アクセス】

鉄道：近鉄「榛原駅」下車↓バス：奈良交通バス「東吉野村役場前」下車↓東吉野村コミュニティバス「大又」下車↓徒歩30分

平成27（2015）年2月26日付掲載

七滝八壺に渡るため架けられた吊り橋

72 赤目四十八滝（三重県名張市）

エコツアーで自然保護を喚起

赤目四十八滝は奈良県との県境近くにある。関西、中京地区では名の知られた大自然に囲まれた名所である。滝をつなぐ約４㎞の遊歩道は新緑、紅葉と四季折々に景観を楽しむことができる。

四十八滝とは滝の数が多いことを意味する。名が付いている滝は26、そのうち5滝が赤目五瀑とされ、規模が大きい名瀑である。

赤目四十八滝は室生赤目青山国定公園内にあり、四十八滝がある渓谷には特別天然記念物のオオサンショウウオが生息、滝入り口にある日本サンショウウオセンターではサンショウウオを飼育し展示を行っている。

赤目四十八滝にはその昔、役行者が滝で修法中、不動明王が赤目の牛に乗って現れ、その霊示によって滝の近くに延寿院を開基したという行者伝説がある。四十八滝最初の滝は行者滝といい、役行者の行跡地のひとつという。四十八滝にはほかにも不動滝、大日滝など仏の信仰に関する名の滝がある。

四十八滝の入り口には「じゃんじゃの水」という湧き水が出ている。昔、伊賀忍者百地三太夫などが修行の時、この水で身を清め心を静めたとされている。豊富な水の音（じゃんじゃんと出ている）が行者の持つ錫杖（しゃくじょう）の音に似ていることから呼ばれているもの。この湧き水はとても冷たく、冷やし水として使用されている。

四十八滝の水は、旅館、土産物店など滝地区の市営簡易水道の水源に利用されている。四十八滝の保全活動はＮＰＯ法人「赤目四十八滝渓谷保勝会」が中心になって行っている。明治31（１８９８）年の発足で歴史は古く、現会員は地元の旅館等18軒。

多くの行楽客が訪れるため、良好な自然環境が守られているか毎日環境パトロールを実施し、遊歩道の落石や倒木等、危険箇所の点検と改善を行っている。さらに、渓谷内の保水力を高めるべく、広葉樹を増やして森林の活性化を図っている。また、日本サンショウウオセンターの管理運営も保勝会の仕事だ。

台風の出水の時など、ごみ、流木が渓谷に流れ込み、この片づけが大変だという。市民や市職員にボランティアを募り、クリーン作戦を展開している。

赤目五瀑のひとつ、高さ８ｍの荷担滝（にないだき）

小・中学生、また一般を対象にエコツアーを実施、サンショウウオの生態観察や渓谷内の自然探索を行い、自然環境への関心を深めている。四十八滝の水は名張川→木津川→淀川と流れ、京阪神の水源になっていることも教えているという。

日本サンショウウオセンター所長代理の宮本篤さん（57）は「ひと昔前は炭焼きが盛んで倒木や伐採木は利用されたが、今はそれがないので大変。ボランティアをお願いしてもなかなか片づきません。また、多くの人が訪れるのでトイレの処理に気を遣います。簡易水道の水源のため排水量が少ないカキガラを利用した循環式の浄化槽を入れました」と語る。

赤目四十八滝に生息するオオサンショウウオ

【アクセス】

鉄道：近鉄「赤目口駅」下車→バス：三交バス「赤目四十八滝」下車すぐ

平成27（2015）年3月30日付掲載

73 吉祥清水（新潟県村上市大毎）

先人の苦労がもたらした豊かな水

村上市中心部から国道7号線を40分ほど北上すると「吉祥と清水の里　大毎　ＯＧＯＴＯ」の大きな標識が現れる。松尾芭蕉が「おくのほそ道」で歩いた旧出羽街道とちょうど交わる辺りだ。標識を東にとれば間もなく東屋に囲まれた吉祥清水だ。東屋は延宝３（１６７５）年に創建された曹洞宗満願寺境内の一角を占めている。

湧水量は１日２ｔを誇る。しかし、吉祥清水の名称そのものはさして古いものではない。平成５（１９９３）年の集落づくり委員会事業の際に、地域の宝物として命名されたばかりだ。それ以前は大毎水道と呼ばれていた。

かつて大毎集落では大毎川の水を生活用水として使ってきたが、飲料水としては衛生上難があった。「名水の里活性化推進協議会」の佐藤勝敏会長によると、この川の水で病人が出たこともあったという。事態を打開しようという住民は、集落の背後にそびえる吉祥岳（標高５０８ｍ）の麓でこんこんと湧き出す清水に着目した。湧水から集落の中心部までは約９００ｍ。佐藤会長は「そんな遠いところから水が引けるはずがないと笑われたそうです」と話している。無謀な試みと受け止められていたようだ。

それでも38戸の有志はあきらめず、大正13（1924）年に大毎水道組合を結成、県から補助金1801円を得て水源からの導水管布設に乗り出した。「手弁当で導水管用の土管を据え、川の部分は鉄管を渡して、最終的に水を引くことに成功した」と佐藤会長。

満願寺に残っていた芳名板(ほうめいばん)が公民館に保存されている。当時の住職が記したと思われるそれには、組合員の氏名のほか購入した土管の本数なども記録されている。導水された水は当初は組合員の家だけに供給されていたが、昭和30年代になって米10俵を対価として希望する家に権利を分けることになった。その結果、現在は90戸が恩恵に浴している。

毎年２万人以上が訪れる吉祥清水

村上市布設の簡易水道も各家庭に引かれているが、ほとんどの家庭が生活用水としては吉祥清水を使っている。水温は夏季で平均10℃、冬季で8℃と安定している。この安定した水温のお蔭で、豪雪に見舞われる冬の間も集落の道路が雪に埋もれることはない。
毎年2万人以上が訪れるという名水は、町おこしでも大きな役割を担っている。7月の第2日曜日には「大毎名水まつり」としてそうめん流しや北限の茶として知られる村山茶による茶会も開かれている。

もうひとつ触れておきたいのは、この名水と地元の酒米「たかね錦」で醸される地酒「日本国」だ。地域限定のこの酒は、大毎を含む旧山北町と成田空港の免税店でしか手に入らない。日本酒好きにはたまらない希少酒だ。水量豊かな名水は地域の人々の命と暮らしを支えている。

麓で清水が湧き出す吉祥岳

【アクセス】
鉄道：JR羽越本線「村上駅」下車↓バス：（北中行き）（約50分）「大毎宮前」下車↓徒歩5分
または鉄道：JR羽越本線「勝木（がつぎ）駅」下車↓バス：（大毎行き）「大毎」下車すぐ

平成27（2015）年4月27日付掲載

74 荒川（新潟県岩船郡関川村・村上市・胎内市）

桜満開・きらめく清流「荒川」

荒川は山形県の大朝日岳に源流を発し、県境を越え新潟県内の2市1村を経て東流し日本海に注いでいる。流域には清らかで豊かな水辺環境が広がる一級河川である。

水辺周辺には公園や景観の美しい「荒川峡もみじライン」や新潟景勝100選にも選ばれた「鷹の巣吊り橋」など景勝地も数多くある。また、古くから流域の重要な灌漑用水としての役割も果たしてきた。新潟県を代表する銘柄米「岩船産コシヒカリ」もこの豊富な水のお蔭だ。さらに、サケをはじめ、サクラマス、アユ、ヤマメ、イワナ、カジカと魚類も豊富だ。水道水源としてもダムによる発電にも利用され地域住民の生活を支えている。

しかし、その名の通りの暴れ川で、江戸期以降しばしば氾濫し流域住民に大きな被害をもたらしてきた。それも昭和42（1967）年に北陸地域整備局羽越河川国道事務所ができてダムの整備と河川改修が行われたため、それ以降氾濫は起こっていない。

国土交通省の水質調査によれば、平成15（2003）年から3年連続できれいな水質ランキング（BOD0・5㎎／ℓ）で日本一を記録し、その後も上位を維持している。同時に2県をまたぐ1級河川で源流から河口までの全川が最もきれいな水質環境基準ＡＡ類型となっていることも水の清らかさを示している。

流域には「えちごせきかわ水辺ぷらざ」をはじめ多くの親水公園が整備されており、家族で川や自然の生物と親しむことができる。アユが解禁される7月以降は毎年2回１８０人が参加するアユ釣り大会や、支流の大石川で毎年１０００人の参加がある「カジカとりまつり」なども行われる。また荒川を遡上するサケを目当てに、10月中旬から12月中旬の期間中は２５００人を超える釣り客が全国各地から集まる。親子で水に親しめるオアシスとして、県内外から大勢の観光客が訪れる。

川沿いの桜もよく知られ、4月の取材時は「清流あらかわさくらつつみウォーク」の直前であったが丸山大橋からの８００ｍの桜並木はほぼ満開で大変見ごたえがあった。

平成の名水百選に選定される大きな理由となったのは、水質の素晴らしさと同時に流域住民の清掃美化活動が挙げられる。「清流荒川を考える流域ワークショップ」はその活動の一翼を担っ

1000人規模で清掃活動が行われている

てきた。佐藤巧代表によると会員30人を中心に一般の人を含めて常時100人程度で活動しているが、会では荒川流域2市村と国土交通省、地元中学生、荒川漁協、越後歩こう会、建設企業ボランティアなどとも連携し、平成18（2006）年から「荒川1000人クリーン作戦」と名付けた1000人規模の清掃活動を実施している。

河川公園の整備では小学生にモミの木、ウアミズザクラなどを植栽させ、一般からの寄付も募って、寄付者の名札付きの桜の木を植えるなど、住民参加をうながしている。

「荒川の清流を守るためには、川の付近の清掃だけでなく、山を整備してきれいな流入水を確保することが大事で、山の管理は欠かせない。川は声を出すけど、山は声を出さないんですね。そして子供たちが来ると山は共鳴する」。佐藤代表の言葉が強く印象に残った。

【アクセス】
鉄道：JR羽越本線「新潟駅」―「坂町駅」乗り換えJR米坂線「越後下関」（約1時間15分）下車

平成27（2015）年5月28日付掲載

清流荒川の桜

75 松か井の水（兵庫県多可郡多可町）

室町期からの清水30年ぶり甦る

室町時代から名水として伝わってきたが、戦後一時、土砂で泉が埋まり〝幻の水〟となっていた。昭和62（1987）年の治山工事の際発見、現在は地元の人々の保全活動によって守られ、阪神方面からも多くの人が水を求めて訪れている。湧水量は日量30t。

多可町は兵庫県のほぼ真ん中に位置する。多可町役場を訪ねた。戸田善規町長は全国簡易水道協議会の副会長を務め水行政にも詳しく、今年4月、国に上下水道の広域的経営統合を急げと提言した。

「多可町には3つの日本一があります。日本一の酒米『山田錦』発祥の町、日本一の手すき和紙『杉原紙』発祥の町、全国の祝日『敬老の日』発祥の町です。米や和紙作りはきれいな水が必要です。多可町は緑の山々に囲まれ、山に降った雨が湧き出す名水の里でもあり、その水で酒や醤油の醸造が行われ、昔から名水伝説があるのです」と強調する。

室町時代末期に播磨の国を治めていた赤松義村が定めた「播磨十水」のひとつで「落葉の清水」といった（出典：播磨鑑）。峠越えの時、動けなくなった人もこの水を飲めば回復したという言い伝えがある。播磨史籍刊行会発行の「播磨古歌考」にも記述があり、古くから愛飲されていたことが窺える。

この名水は昭和32（1957）年林道工事の際、土砂で埋まり所在が不明となった。しかし、昭和62（1987）年に県の治山工事で山の斜面から水が湧き出しているのが発見された。町が地元の古老らと位置関係などを調査して確認、30年ぶりに甦った。翌年に町と地元・奥荒田地区が協力し松か井の水公園を整備した。同公園は曲がりくねった旧県道から急な階段を下りたうっそうとした林の中にある。湧水量は少ないが、江戸時代の地誌に収載され、この清水を詠んだ「末久に枝も葉かへす常盤成　松の落葉の清水涼しき」の歌碑がある。

新松か井の水公園

水汲み場は少し麓の「新松か井の水公園」にもある。このいきさつについて、名水担当の多可町地域振興課・山本聡課長補佐は「昭和60～63（1985～1988）年に近くで県道トンネル工事が行われ、工事中に多くの湧水が出ました。この水が松か井の水と同じ水脈であることから、県がトンネル出入口に水汲みの公園を整備したところ、交通の便が良いため多くの人が水汲みに来て、交通障害が起きるようになった。そこで、県が平成13（2001）年に少し下の方に水汲み場を増やし、駐車場も広くとり、新松か井の水公園を造ったのです」と語る。新公園は水汲み口4カ所、19台分の駐車場があり、水汲み口の前に駐車できるので便利である。

両公園を地区住民が保全・清掃活動を行っている。年5回清掃、植木の剪定作業をし、毎回約30人が参加する。この活動により環境への意識が高まり、毎年5月には住民総出のクリーンキャンペーンを実施するようになった。地元の松井小学校では環境教育の一環で、毎年秋に現地で松か井の水について説明を受け、水環境保全の大切さを学んでいる。

【アクセス】
鉄道：JR加古川線「西脇市駅」下車→バス：（加美行き）「月ヶ花」下車→徒歩30分。
車：国道427号寺内交差点から県道加美宍粟（しそう）線を神崎方面へ車で約5分

平成27（2015）年6月29日付掲載

峠沿いの旧県道沿いにある松か井の水公園

76 かつらの千年水（兵庫県美方郡香美町）

巨樹の根元から湧く如く

樹齢1000年のかつらの巨樹の根元からとうとうと湧き出すように水が流れる光景はめずらしく圧巻、見る者の目を引きつける。農業用水や生活用水等に利用され、最近では名水を使用した醤油、地ビール、スイーツなどの商品開発が進み、人気を集めている。

かつらの木は「和池の大かつら」と親しまれ、兵庫県の天然記念物に指定されている。樹齢は1000年以上といわれ、高さ38m、幹周り16m。このかつらの上手から1日約5000tの水が湧き出し流れてくる。かつらは流れにまたがって成長し、水が根元の間を流れ、見る角度により根元から水が湧いているように見えて神々しい。

水質検査機関によると、水質は色度、濁度、臭気、味などに優れ、極めて純度の高い軟水との折紙付きである。コーヒーや抹茶、野菜の煮炊きに良く、肌に優しいため産湯などにも適しているという。

香美町は兵庫県北西部、日本海側に位置する。かつらの千年水は、氷ノ山後山那岐山（ひょうのせんうしろやまなぎさん）国定公園内の瀞川山（とろかわやま）（標高1039m）辺りに降った雨雪が長い間に良質な地下水となり、中腹の瀞川平

樹齢1000年の「和池の大かつら」の上手から湧き出ている

のほぼ中心部にある但馬高原植物園の中に湧き出ている。

同植物園は標高６６６ｍにあり、面積17ha（うち10haが自然林）で約２０００種の樹木・草花が自生する。町の第三セクターが経営する。平成６（１９９４）年に当地で全国植樹祭が行われたのを機に平成９（１９９７）年開園した。

我々を案内してくれたのは同植物園の植栽主任で名水も担当する田丸和美さん。「当植物園の特徴は平地植物の上限、高地植物の下限、南方植物の北限、北方植物の南限で、しかも湿度が高く植物にとって最適な環境にあることです。大かつらは当園のシンボルで、１０００年以上にわたって瀞川山から水を呼び、園内の生命を育んでいます」と自慢する。

園内のせせらぎを指差し、「中で揺れているのはきれいな水でしか生育しないバイカモです。せせらぎは水温９℃で冷た過ぎて普段花が咲かないのです。夏の１番暑い時に小さい花がちょっとだけ咲きます」と千年水の清冽（せいれつ）さを語っている。

大かつらの周りはうっそうとした森。木製の遊歩道が整備され、そばまで行ける。千年水の湧き口から遊歩道までパイプで水が引かれ、大かつらを見上げながら千年水を飲み、自然を満喫できる。

地元の村岡小学校では3年の校外学習で年2～3回植物園を見学、季節により植物がどう変化するか、定点観測する。この時、田丸さんは「水があるから樹木が守られている」と自然保護の大事さを教えているという。

植物園前の道路沿いに100円で20ℓ出る千年水の自動販売所があり、持ち帰り用の容器も販売しており、利用者には便利である。販売所の脇には細いパイプから水がチョロチョロ出ていた。自動販売機の売り上げが減るのではと聞くと、田丸さんは「自動販売機が故障した時の対応です。修理に時間がかかることがあるので。チョロチョロでは貯まるのに時間がかかるので、ジャーッと出る自動販売機を利用しますよ」とおおらかだった。

【アクセス】
鉄道：JR山陰本線「八鹿駅」下車↓バス：村岡・秋岡・湯村方面行き「ハチ北口」下車↓タクシーで約10分

平成27（2015）年7月30日付掲載

大かつらは但馬高原植物園のシンボル

77 海部川（徳島県海部郡海陽町）

住民が保全活動、町は清流条例制定

海陽町は徳島県の最南端、太平洋に面し高知県境に位置する。海部川は町の中央を北から南に流れる全長約37㎞の2級河川。環境省の調査で、全国で最も水がきれいな川36本のひとつとされる清流。地元の人々は定期的に清掃活動、小学校では環境学習を実施、町は条例を制定、清流保全に努めている。

四国の清流といえば四万十川が知られているが、それに匹敵する清流で、別名知られざる清流という名前がある。上流部は中部山渓県立自然公園に位置し、日本の滝百選のひとつで四国一の大滝「轟の滝」がある。滝の上流には大小様々な滝が連続してあり、総称して轟九十九滝と呼ばれている。上流部の山岳地帯は全国有数の多雨地帯で、水源の森百選にも選ばれている。

海部川にはダムがない。水は淀むことなく流れ、アユやアユカケ、テナガエビなど清流でしか見られない数多くの生物が生息する。河口にはサーフィンポイントがあり、豊かな自然に惹かれて来る人や釣り人で賑わい、移住する人も少なくないという。

川の両岸には伏流水を汲み上げる水源地が多くあり、生活、農業、産業に利用。町の上水道も伏流水を水源にしている。

海部川の支流、母川はホタルとオオウナギの生息地として知られる。オオウナギは淡水に棲む熱帯性の魚で日本が生息の北限。母川には、オオウナギがここで育ち大きくなって洞窟の奥からせり割ってできたという「せり割り岩」の伝説があり、同岩周辺がオオウナギの生息地として国の天然記念物に指定されている。

6月には地元青年団主催で、乱舞するゲンジボタルを間近で観賞できるよう高瀬舟を出すなどの「ホタル祭り」が開催され、多くの見物客で賑わう。

海部川は川魚の宝庫で、県内外から多くの釣人がアユを求めて訪れる。海部川は、日本一おいしいアユを育む川を決める「利き鮎会」で過去3回準グランプリを獲得している。毎年9月上旬に「海部川の清流を自慢する会」主催のごみ拾いとアユ釣大会が行われ、川の保全に一役買っている。

平成14(2002)年に町内の中学・高校、企業、公共機関、消費者団体

狭い崖の間を落下、水音を轟かせる「轟の滝」

「轟の滝」の前にある竜神等の石仏

等27団体で海部川交流推進協議会をつくり、年4回程度清掃活動を実施。また地元住民による一斉清掃も行われている。流域の小学校では高学年になると、副読本「清流海部川」を利用した環境授業を行い、水質調査活動も実施、川への理解を深めている。

海陽町（旧海南町）は海部川の清流を次世代に守り残すため、平成8（1996）年「海部川清流保全条例」を制定、川の主要箇所には海部川の美しさを訴えるイメージアップの写真看板を立て、力を入れている。

名水担当の町役場保健環境課の吉村和則主事は「条例は清流を守る町民の意欲の表われ。素晴らしい海部川を全国の方々に知ってもらいたいと思います」と語る。

【アクセス】

鉄道：JR牟岐線「阿波海南駅」下車↓バス：町営バス「轟神社」（約50分）下車↓徒歩5分で轟の滝

平成27（2015）年8月31日付掲載

78 宇棚の清水（新潟県妙高市）

高地に位置する「天空の名水」

新潟の名産といえば〝米〟と〝酒〟。その代表的産物を育むのが水ならば、新潟県の〝名水〟が浮上する。水と産業、そして生活、同県はことさら〝水〟と密接につながる。全国各都道府県はいずれも昭和、また平成の〝名水〟を数カ所ほど保有するが、新潟県も同様に県内6カ所の名水（うち昭和の名水2カ所、平成は4カ所）を有し、名水百選の認定を受けている。

そのうち今回紹介するのが、全国の名水百選でもめずらしく高地に位置する『宇棚の清水』（妙高市）。平成27（2015）年3月に新たに誕生した国立公園「妙高戸隠連山国立公園」内に位置し、高さは標高約1300mほどだという。言葉を変えれば、まさに〝天空の清水（名水）〟ともいえる。

場所は新潟県と長野県の県境。妙高山、火打山、焼山、黒姫山など標高2000m級の山々に囲まれ、それらの山々からの雪解け水や地下水脈が「宇棚の清水」の水源だ。周囲には広大な笹ケ峰高原が広がり、近隣には牧場、ダム、キャンプ場が点在するが、いずれも自然環境をつくり出す施設だ。「宇棚の清水」はその中で自然環境の象徴的な存在でもある。水源の雪解け水、湧

宇棚の清水

水は周辺山々の地中に浸透し、約40年の歳月をかけ地上に湧き出るが、冬には7～8ｍほどの積雪があり、水量も豊富で1日の湧水量は平均約４８００㎥に達するという。

実はこの名水、最近まで地元の人々にもさほど知られていなかったほどで、まさに自然の中に存在した〝自然の資源〟なのかも知れない。文化８（１８１１）年にこの一帯の開拓（笹ケ峰開拓）が始まり、「宇棚」という地名はその頃に名付けられた。宇棚の由来は急峻な山々から傾斜が緩くなった広い土地のことを指すという。地名の歴史は古いが、存在はつい最近まで知られなかったというから隠れた名水なのかも知れない。

それだけに、保全や管理も最近10年ほど前から地元の有志が手を入れてきたということで、限りなく自然がこの名水を守ってきたようだ。

最近では、この一帯が自然環境に恵まれていることからトレッキングやハイキング、スポーツ、学生関係者の合宿、また広大な牧場などを備えているため、年間約12万人近くが訪れる観光地になっている。

「春は水芭蕉、夏は避暑、秋は紅葉。毎日が飽きない景色、自然、を守るため保全活動を地道に続けます」と話すのは、「宇棚の清水」を静かに見守ってきた山川藤茂さん（笹ケ峰グリーンハウス経営者）。

〝名水〟は市街地の湧水や地下水、また大・中・小河川、ダム流域上流の渓流や地下水・湧水など様々。だが今回の「宇棚の清水」は山間の高地に位置するだけに、下流への豊富な水量の供給、良好な水質、自然づくりへの貢献など、名水の多くの条件を満たす貴重な存在なのはいうまでもないだろう。今年（※）3月には新たに名を変え「妙高戸隠連山国立公園」をこの名水が支える。

【アクセス】
鉄道：北しなの線「妙高高原駅」下車→バス：（笹ケ峰行き）〈季節運行〉（約50分）「県民の森」下車→徒歩約30分。
車：上信越自動車道「妙高高原ＩＣ」→約40分→県道妙高高原公園線→上信越高原国立公園内→県民の森駐車場→徒歩約15分

※平成27（2015）年9月28日付掲載

水量豊富な宇棚の清水

79 龍興寺清水（しみず）（長野県下高井郡木島平村）

和紙と清水の里　内山

木島平村は長野県の北端、千曲川（ちくまがわ）を挟んで飯山市の対岸に位置し、県庁所在地の長野市からの距離は約40㎞。昭和30（１９５５）年に穂高村、往郷村、上木島村の3村が合併して生まれた。名前の由来は、中世に木島郷があり、近世にはこの地一帯が木島平と呼ばれていたことから名付けられたという。

村の南東に位置し、標高１５００ｍ付近にカヤの平高原がある。樹齢３００年を超えるブナの大木や白樺が群生する「日本一美しい森」といわれている。北ドブ、南ドブと呼ばれる湿原もあり、貴重な植物の宝庫でもある。特に、4月の原大沢地区で見られる福寿草の群生や7月の北ドブ湿原のニッコウキスゲの群生は有名である。このカヤの平高原で涵養された地下水は、飲用水のほかにそばやうどんを茹でたり、野沢菜を洗うなどの生活用水、またイワナやニジマスなどの養殖用水それに農業用水として多くの恵みを与えている。

今回訪れた「龍興寺清水」は、木島平村内山地区の公民館の横に湧き出る清水で、１日１２３ｔ余りの豊かな水が池の底からこんこんと湧き出ている。飲料水を汲みやすいようにパイプが

池の底からこんこんと涌き出る清水

2本整備され、野菜などの洗い物ができるように洗い場や水路が整備されていた。水汲み場に「掟」と書かれていた看板に次のような文言が記されていた。

「この龍興寺清水は古き昔より地域の人たちが大切に守ってきた遺産である。仏教の教えである一滴の水にも天地の恩徳に感謝する心を持ち、おきてを守って汲んでください。①1回の汲み取りは20ℓ以内とする、②1缶につき100円以上の維持管理費を下の箱に入れる、③夜9時過ぎの汲み取りはしない」とあった。

龍興寺清水はその昔、弘法大師が諸国巡業でこの地を訪れた時に湧き出したと伝えられ、かつては龍興寺という寺の境内にあり、周囲の住民たちにより大切に守られてきた。

現在は、内山区（68世帯）住民が当番

制で月に一度清掃活動を行っているほか、集落全体で龍興寺清水祭りを開催し、農産物販売や龍興寺清水を利用したそばやうどんの販売など各種催しを実施している。地域で自主的に清掃活動や保全活動の実施や案内板・説明看板などを設置、そして水質検査も実施している。地域住民の水に対する保全意識が高く、水質や周辺環境が良好に維持されている。役場に一般財団法人「木島平村農業振興公社」販売の龍興寺清水350円／2ℓのパンフレットや、水汲み場に龍興寺清水サイダーと龍興寺清水と木島平村産米「ひとごこち」使用の純米酒「内山乃雫」の空瓶が展示されていた。

　この地は経産大臣指定の伝統的な工芸品「内山和紙」が有名である。きれいな水の里に栄えた伝統の技・手漉き和紙作りは江戸時代から盛んであった。原料の「コウゾ」の木の皮を冬に雪の上にさらすことで、白さを出すという独特

龍興寺清水

の方法が特徴で、内山の湧水が紙すきに広く利用されていた。以来この地方の一大産業として昭和初期までコウゾやノリウツギを原料とした内山和紙が作られてきた。現在は内山和紙体験の館で、紙すきの工程や手法が受け継がれ、実演されている。将来「魅力溢れる和紙と清水の里内山」にするために、美しい景観や自然環境の保全に取り組んでいるとの強い決意を、木島平村ＯＢの日台吉太郎氏から聞くことができた。

【アクセス】
鉄道：ＪＲ飯山線「飯山駅」下車↓バス：（野沢温泉行き）「中村」下車↓徒歩25分
車：上信越道「豊田飯山ＩＣ」↓25分

平成27（２０１５）年10月29日付掲載

真名井の清水（京都府舞鶴市）

江戸時代から「御水道掃除」

水源は舞鶴市街の西舞鶴地区を通って舞鶴港に流れる伊佐津川の伏流水。1日1万1500t湧き出し、湧水池や流水水路には多くの水生植物が自生、地元町内会により毎年定期的に「御水道掃除」といわれる清掃保全活動が行われている。

白雲山（場所不明）から3本の矢が射られ、落下したところから清水が湧いたという伝説がある。奈良時代の「丹後風土記」の中で「その味甘露の如し、万病を癒す力がある」と記され、昔から語り継がれる名水である。

伏流水は流域一帯で湧き、真名井の清水の約200m上流にある湧水池「一升」のほかに「三合」、「五合」などと呼ばれる湧水池がいくつかある。これらの湧水は地元の生活用水や農業用水に利用されている。湧水池には魚や亀などが生息し、ヤマトミクリやコカナダモ、エビモなどの水生植物が多数自生している。

真名井の清水は、田辺城主の武将細川幽斎が江戸時代に城内に引き入れて利用、湧水を利用した都市水道としては日本最古ともいう。水路は「御水道」と呼ばれ、ごみなどを流さないように足軽が見張りをしたとされる。城内を潤した後は一部城下町に給水した。

湧水池や流水水路の水辺の雑草を掃除する保全活動は御水道掃除といわれ、江戸時代から代々続いており、市街地にありながら美しい水辺環境が維持されている。

御水道は現在、一部コンクリートで護岸され、静渓川（しずたにがわ）と名前も変わったが、住民らは今も御水道と呼んで親しんでいる。清掃活動は、真名井の清水がある公文名と七日市の両町内会の各組が交代で春、夏、秋に実施している。

流水水路に建つ真名井の清水の案内板と石碑

　名水担当の舞鶴市生活環境課の柴田康弘氏は、清掃活動の時に、市はごみ袋を提供して集まったごみを回収し、活動に協力しているという。また、名水百選の案内板を建てたり、水汲み場の水質検査を行っている。

　真名井の清水は池になっており、水飲み場はない。池の周りは住宅地。流水水路にはきれいな水が流れ、大きいコイが悠然と泳いでいた。

　ＪＲ西舞鶴駅前にある新世界商店街、マナイ商店街において、井戸から伏流水を汲み上げる水汲み場が設けられ、地元住民の生活に溶け込んでいる。
平成20（2008）年1月には、新世界商店街振興組合が駅前に水汲み場を備えた幽斎名水庭園を完成させた。庭園は約85㎡。白砂利を敷き、総ヒノキ造りの東屋の中に、岩清水が湧き出る様を再現した緑石と無料の水汲み場を設置。枯山水もあり、細川幽斎が継承した古今伝授に因んだおがたまの木なども植えられ、地元住民や観光客の憩いの場となっている。

舞鶴市といえば旧海軍の軍港と終戦後、海外からの引揚港で有名。柴田氏は「当市には、平成の名水百選がもうひとつ（大杉の清水）あり、名水の里でもあります」と強調した。

【アクセス】
鉄道：JR舞鶴線「西舞鶴駅」下車→バス：京都交通バス（真倉行き）「城南中学校前」下車→徒歩5分

平成27（2015）年11月30日付掲載

水汲み場を備えた幽斎名水庭園

81 大杉の清水（しみず）（京都府舞鶴市）

名水を活用して村おこし

舞鶴市の東端・霊峰青葉山（699m）の山間に開けた杉山集落にある大杉神社の祠の下から1日2000t湧く。1年を通じ水温11℃を維持する良好な水質の名水である。同集落では生活用水、灌漑用水等に利用、湧水保全のため住民総出で取り組んでいる。

平成17（2005）年からは市街地住民も加わり、NPO法人「名水の里杉山」を組織し、毎年湧水地の草刈、貯水槽の清掃、用水路・わさび園の整備や掃除等を実施している。また、名水を育む自然環境のPRとして、交流イベントの開催（グリーンツーリズム、杉山市民農園収穫祭など）や名水を利用した地酒造り等の村おこし活動を行っている。

大杉神社には樹齢800年を超える大杉があり、その昔、大蛇が下りてきて湧水を飲むと不思議な力が出て、3本の杉を巻き締め1本の大杉にしたと伝えられている。この伝説に因み毎年夏に湧水に感謝する大杉祭が行われ、現在では納涼祭として受け継がれ、湧水を利用した流しそうめんやそばのもてなしなどで市民との交流を行っている。

名水のPR活動として手作りの名水ペットボトル容器の配布、名水を利用した地酒造りが行わ

杉山集会所前にある名水の水汲み場

れている。名水を引いて杉山の棚田で育てた酒米と、名水を宮津市の酒造会社に持ち込んで製造する「純米吟醸大杉」は年間３０００本の限定生産で、発売とともに完売になるほど人気だ。

湧水は江戸時代の地方誌で「その水をなめると清く、かつ甘く銀水のごとく」と紹介されている。祠の下から出た湧水の一部は旧海軍が築造したコンクリート製貯水槽に流入、杉山集落（14戸59人）の全戸に水道管で給水される。杉山集会所前には水汲み場が設置され、多くの市民が水汲みに訪れている。

湧水の周辺にはわさびが自生している。杉山わさびの名で評判で、以前は京都や大阪の料亭に出荷されていたが、昭和40年代以降は収穫量が激減していた。現在、ＮＰＯ法人がボランティアによるわさび園の整備を行い、復活に向けた活動をしている。ＮＰＯ法人による湧水の保存・活用の活動が評価され、平成19（２００７）年度豊かなむらづくり全国表彰事業の近畿農政局長賞を受賞している。

NPO法人「名水の里杉山」の松岡良啓理事長(69)は「毎年水質検査をやっていますが、安全面でも水道水に遜色ない、良い水です」と自慢の清水に胸を張る。だが、戦前は旧海軍が軍施設に導水してしまい、住民は井戸を掘って水を確保したことがあったという。

NPOは名水を活用した市民との交流に力を入れており、様々な趣向を凝らしたイベントを展開。その活動拠点となる市民農園憩いの家を改築した。パン工房などを備え、地元名産を販売する。「名水杉山楽校」で農作業体験などを行い、名水の湧く自然環境の保全を学んでもらい、交流の強化によって地域の活性化を図る。「杉山も過疎化が進んでいるので、多くの都会の人が来られるよう工夫して活動したい」と知恵を絞っている。

【アクセス】
鉄道：JR舞鶴線「東舞鶴駅」下車↓バス：杉山・登尾バス「杉山」下車↓徒歩10分

平成27(2015)年12月24日付掲載

大杉神社の祠と樹齢800年以上の大杉

82 八曽滝（はっそたき）（愛知県犬山市）

地域住民が意欲的に保全

岐阜県境に接し、愛岐（あいぎ）丘陵の犬山・八曽自然休養林に位置する。年間を通し豊かな水が落差18mの八曽滝を落下、周辺はヒノキ林と雑木林に囲まれ、水と緑豊かな自然環境が保全されている。この自然を守り継承していくため、地域住民やボランティアによる活発な保護活動が行われている。

八曽滝はかつて修験者の修行の場で、別名「山伏の滝」という。滝から山道を約15分登ったところにある黒平山秋葉寺は、明治初期には霊験のあらたかさから信仰を集め、八曽滝は秋葉寺の修行場でもあった。冬でも水は涸れることはない。

八曽滝の上流約900mの丘陵地に尾張北部地域最大の八曽湿地があり、湿地の湧水は八曽滝の水源になっている。湿地にはこの地方特有の「東海丘陵要素植物群」であるシデコブシをはじめ、サギソウ、ミミカキグサ、ヒメタイコウチ、ハッチョウトンボ等が生育・生息し、この地域の里山環境を知るうえでも非常に重要な湿地である。

八曽滝周辺は「憩いの森」の名称で、昭和49（1974）年に自然休養林に開設された。キャンプ場から八曽滝まで約3㎞。徒歩で行く。東海自然歩道の一部として整備され、遊歩道が続いており、水に親しみながら自然を満喫できる。

八曽滝から流れ出た水は五条川を経て、我が国最大規模の農業用溜め池である入鹿池（いるかいけ）に流れ込んでいる。入鹿池は平成27（2015）年に世界潅漑施設遺産に登録された。

八曽滝は八曽国有林内にあり、一帯は飛騨木曽川国定公園に指定されている。保全活動は地域住民らによって行われている。

入鹿森林愛護組合は地元、奥入鹿地区の全世帯・住民47人で構成。キャンプ場の運営や八曽滝周辺の整備、清掃、草刈作業をしている。組合長の宮島和良さん(67)は「キャンプには年間約1万人が訪れ、散策路を案内しています。来られる方々が快適に過ごせるよう周辺環境の保全に力を入れています」と語る。

落差18mの八曽滝

みどりの少年団は地元、今井小学校の全校児童35人で構成。八曽滝上流の自然休養林や八曽湿地において、森林や水の保全活動を行っている。同少年団は活動が評価され、平成9（199

7）年全国鳥獣保護実績発表会で環境庁長官賞、平成15（２００３）年全国育樹祭で大会会長賞を受賞。

犬山エコアップリーダーは、犬山市主催の環境学習リーダー養成講座の修了生で構成。エコアップリーダーの藤波康さん（78）は「我々は主に八曽滝の上流の保全を林野庁と共同で手掛けています。森が荒れないよう年間３０００本の間伐を行い、間伐木を利用して遊歩道、橋等を整備し、土砂崩れの場所には護岸工事をしています」と語る。森林内のトイレの清掃も行い、年間48日このボランティア活動に充てている八曽滝の守り神である。

名水担当の犬山市公園緑地課の足立裕介主査補は、「国有林を市民のため使わせてもらっていますが、快適に利用できるのも市民団体の協力のお蔭で、感謝しています」という。

【アクセス】

鉄道：名鉄「犬山駅」下車↓バス：名鉄（明治村行き）「明治村」下車↓タクシー（10分）「モミの木駐車場」↓徒歩約45分

平成28（２０１５）年1月28日付掲載

ボランティアによる遊歩道の整備

83 鳥川ホタルの里湧水群（愛知県岡崎市）

自然を保全、ホタル復活

岡崎市東部の鳥川町は自然豊かな山里。周囲の山林を水源に町内の各所に湧き出る清水は住民の生活に溶け込んでいる。ひと昔前はたくさんいたホタルが農薬の使用等で見られなくなったが、住民が湧水群の保全活動に取り組み、ホタルが復活、自生するようになった。

同町内には鳥川城址や代官屋敷跡、慈徳院、白髭八柱神社等があり、これらの歴史とともに湧水群も生活用水として大切に守られてきた。

湧水群の中でも代表的なのが県道沿いに湧く延命水、産湯の滝、ふないどの水、大岩の水、庚申の水の5カ所。これら合計の湧水量は1日23・6t。産湯の滝は名の通り戦前まで産湯に使われ、現在は地域住民によって清掃等が定期的に行われている。

鳥川ホタル保存会（会員57人）は平成6（1994）年に設立、川の草刈や清掃活動、山の間伐、学校や集会所周辺の草取り、剪定など、ホタルの生育環境を整備するとともに、町内の自然環境保全に取り組んでいる。この活動が実を結び、毎年6月には1000匹を超えるゲンジボタルが鳥川沿いに広範囲に乱舞するのを見られる。また、鳥川小学校では鳥川ホタル保存会の活動

おいしさに命が延びるという「延命水」

を支援するため、「鳥川パトロール隊」と称し、鳥川で毎週、河川の水質調査を継続して行っていた。

鳥川小学校は平成22(2010)年3月に閉校。その後、校舎を活用、活動の拠点とし自然環境を学ぶ施設として平成24(2012)年度に「岡崎市ホタル学校」が開校した。ホタルの幼虫やエサになるカワニナを飼育し、ホタルの生態や自然環境についてパネル展示等をするほか、ホタルの講習会や自然環境イベントを実施、ホタルとホタルを育む自然環境について楽しく学べる。

保存会は年間を通じて様々な行事を行っている。6月にはホタルまつり、10月には山歩きがあり参加者には猪汁が振る舞われる。山歩きは5つのコースがあり、そのひとつが名水百選巡り(所要時間約180分)。5つの名水のうち4カ所を回る初心者コースである。

また、集会所の隣に鳥川ホタルの里インフォメーションコーナーを設置し、ホタルに関するパネル展示、50台分の駐車場も用意している。野菜の無人販売所もあった。

鳥川町の生活用水はかつて各集落で沢水を利用した小さい水道だった。平成になって地下水を水源とし膜処理の鳥川簡易水道（鳥川浄水場）ができ、安心・安定的水利用が可能になった。水道水は脱塩素、加熱処理してペットボトル水として、岡崎市上下水道局から販売されている。その名は「額田仙水—岡崎の水」。額田は岡崎市と合併する前の旧町名。そこの水が岡崎市を代表する水道水というわけである。

保存会設立時から中心になって取り組んできた前会長の今泉清さん（78）は、「我々は昔から水の恵みにあずかってきています。土手の手入れ、清掃を行ってホタルを復活させました。多くの人に自然豊かな鳥川に来てほしいと願っています」と語る。

現会長の松田直人さん（74）は、「ホタル時には1万人が訪れます。町外からのボランティアにも協力いただき、年3回ホタルが生息しやすいよう草刈をしています」という。

【アクセス】

車：東名高速道路「岡崎IC」→国道1号・473号経由で約30分

平成28（2016）年2月25日付掲載

戦前まで産湯に使われた「産湯の滝」

84 夏日の極上水（岡山県新見市）

地滑り工事で名水湧出

岡山県北西部に位置する新見市の大佐山北麓から湧き出る天然ミネラル水である。地元住民が管理組合を組織し、保全活動や情報提供を積極的に行っている。

大佐山は備作山地県立自然公園にある標高988mの秀峰。山の雪解け水や雨水が浸透して地下水となり、多くのミネラル等を蓄え、夏日地区（標高530m）に湧き出ている。渇水期でも涸れることなく湧水量は1日36t。

平成9（1997）年、夏日地区で起きた地滑りの防止のための水抜き工事によって湧き出した。カルシウムなどのミネラルを含み、飲料に適している。おいしい極上の水ということで、地元は「夏日の極上水」と命名、口コミで人気が広がり、県南など市外から多くの人が水汲みに訪れている。

訪れたのは平日の午後であったが、数人水汲みに来ていた。軽トラックで市内から来たという中年男性は「おいしくて、この水以外飲めないね」と、ポリタンクにせっせと水を汲んでいた。休日には順番待ちの行列ができることもあるという。

「夏日の極上水」の水汲み場

水汲み場は山間地だが、舗装された市道沿いにあり、極上水への案内板も所どころに分かりやすく設置され、車で容易に立ち寄ることができる。

大佐町（合併して現在新見市）が地元活性化のため水汲み場の一角を買収、岩を積み上げて水を汲みやすいようにして整備、また、道路を挟んで休憩所をつくった。これらの管理を地元に委託、住民は「夏日の極上水活用施設管理組合」を組織し、定期的に施設や周辺の清掃活動を行っている。

休憩所では地元で採れた農作物の販売を行ったり、来訪者に極上水や地元の観光案内をしたりと積極的に交流活動をしている。

管理組合の渡辺哲士組合長（61）は「地滑り工事の時、各所で水抜き工事が行われた。今の水汲み場から50ｍ上のほうで水抜きパイプを6本打ち込み、2本を長く打ってその1本から良い水が出た。その水をパイプで引いています。水は涸れることはありません」と自慢。

新見市は定期的に水質検査を行い安全に配慮、水汲み場の説明板には「飲用は煮沸して」の注意書きがある。

「冬は降雪や路面凍結があるので減りますが、県南地域から2時間半かけて水汲みに来る人もいます。休憩所では畑で栽培した野菜を販売、秋は柿を並べて買っていただいています」と渡辺さん。

だが、名水選定当時、10世帯あった構成員は過疎化で現在5世帯。それも高齢化で活動できるのは渡辺さん夫婦だけと寂しい。「極上水は夏日地区の宝です。名水を求めて来る人のため頑張ります」と語る。

名水担当である新見市役所大佐支局の楢﨑靖地域振興課長は、大佐町職員当時、水汲み場や休憩所の建設に係わった。「地域を活性化できないかと考え、色々イベントをやったが、最近は人が減る一方なので」と頭を痛めている。

【アクセス】
鉄道：JR姫新線「刑部(おさかべ)駅」下車↓バス：市営バス（大井野行き）「夏日」下車↓徒歩3分

平成28（2016）年3月28日付掲載

休憩所

85 市直営のそうめん流し・唐船峡京田湧水（鹿児島県指宿市）

1日10t、池田湖の豊かな湧水利用

深山でひっそりと息づく湧水、流れ落ちる滝、地下を伝わり村の中心でこんこんと湧き出す清水など、名水は様々な姿を見せる。鹿児島県指宿市開聞の唐船峡京田湧水もまた独特だ。市直営の巨大なそうめん流しである。驚くのはその規模だ。年間来場者数は30万人を数え、総売り上げは3億円に上る。清澄な湧水が町おこしの大きな財産となってきた。

杉木立の中エレベーターを使って谷底に下りると、チョウザメやニジマスが悠然と泳ぐ湧水池に着く。4カ所から水が噴き出す様子がはっきりと窺える。その先に杉材をふんだんに使った見上げるようなドームが広がっている。床は総杉板張りで6人掛け91台のテーブルが置かれている。各テーブルの中央にはそうめんのざるを置く台がしつらえてあり、それを円形の水路が取り囲んでいる。そこをかなりの速さで水が流れている。水流の方向も右利き用では時計と逆回り、左利き用は時計回りと芸が細かい。これにそうめんを流してすくい上げ、自慢のツユに浸して食べるという仕掛けだ。夏冬変わらない13℃という水温がマッチするのか喉ごし良く、味も上々だ。

見上げるような高い天井、床下を流れるせせらぎの音と雰囲気も申し分ない。最盛期の5月連

地下水がこんこんと湧き出る京田湧水

休から9月にかけては、2時間待ちもめずらしくない。ただ、指宿市職員でもある前原寿副支配人によると、近年日本人の客数は減少傾向にあるという。逆に、香港をはじめ台湾、上海、さらにはタイやシンガポールなどからの外国人客が目立つようになった。メニューにアルファベットを添え簡単な中国語で挨拶するなど、新たなターゲットに向けての努力も続けている。

そうめん流しが始まったのは50年以上前の昭和37（1962）年。当時砂風呂で知られた指宿温泉は、宮崎に次いで新婚旅行のメッカのひとつで大きな賑わいを見せていた。しかし、谷間の唐船峡まで足を伸ばす新婚客は稀だった。中国唐時代の7、8世紀頃には、湾が切れ込んでいたこの地まで唐船が上ってきたと伝えられ、それが地名になったとの説もある。さらに山幸彦に乙姫と伝説にもこと欠かない。こんな歴史と伝説があるにも関わらず大半の観光客は素通りするだけだった。

何とかこの観光客を引き込めないかと考案されたのが、1日10ｔという豊かな湧水を利用したそうめん流しだった。のちに開聞町の助役となる井上廣則翁の発案で、竹製の樋を使った町営のそうめん流しが始まった。その後、翁によってモーターを使った回転式のそうめん流し器が考案され、実用新案特許が認められた。昭和42（1967）年に発明者の翁はこの権利を無償で開聞町に譲渡した。

地元産業の一翼を担っている湧水は、1㎞ほど離れた九州最大のカルデラ湖である池田湖の伏流水とされている。池田湖は全国屈指の透明度で知られる。この水が硬い岩盤を通り、さらに杉木立の根元を通過して清澄度を増し、唐船峡で噴出する。湧水は飲料水として、生活用水として、一帯の約2700戸を潤してきた。命の水に対する住民の意識も高く、明治期から地域を挙げて病原菌流入防止の監視を実施するなど、水質保全のため地道な活動が続けられてきた。旧開聞町時代には水道水源保護条例が制定され、そのまま指宿市の条例に引き継がれた。条例により、水源保護地域および準水源保護地域内での掘削を目的とする事業は禁止されている。平成8（1996）年には旧国土庁の「水の郷百選」にも選ばれた。

そうめん流しは市直営だけではない。規模は小さいが隣接する下流2カ所に地元の飲食店など

観光客で賑わうそうめん流し

による民間経営もある。これら官民の従業員による定期的な清掃や周辺の環境整備活動も着実に実行されている。

【アクセス】
鉄道：ＪＲ指宿枕崎線「開聞駅」→バス：鹿児島交通「唐船峡」下車→徒歩１分
車：ＪＲ指宿枕崎線「指宿駅」から30分

平成28（２０１６）年４月28日付掲載

86 普現堂湧水源（鹿児島県志布志市）

シラス台地が育む志布志の名水

志布志市は大隅半島の付け根に位置し、そのほとんどが透水性の高い後期更新世の火砕流堆積物のシラス台地で形成され、多くの湧水が存在している。

志布志市湧水の特徴としては、シラス台地は①雨が地下へ浸透しやすい、②面積が大きく層厚も厚い、③シラスの中を地下水がゆっくりと流れる、④降水量が日本の全国平均に比べ多いこと―などから、地下水が豊富だ。それがシラス台地の崖下の岩盤との境などから湧き出ている。

その中でも、豊富な水量（湧水量は日に３４５６ｔ）と、親水性を誇るのがこの「普現堂湧水源」である。

昔は、周辺の多くの田んぼの用水として貴重な存在であった。また明治時代以前から周辺に数カ所の浴場と冷泉に活用されていた。今では公衆浴場「蓬の郷」のみであるが、年間約13万人の人に愛用されている。赤トンボ浴場とオニヤンマ浴場は男女日替わりとなっている。

館内では近隣で採れた野菜、地元産焼酎などが売られている。この湧水で焼酎を割ると、非常においしいとの評判だ。隣接する普現堂池（親水公園池）は上・中・下の3つから形成され、遊

親水公園池、湧水口(上池)付近

歩道などが整備されており、誰でも気軽に安全に湧水に近づき、親しむことができるようになっている。

環境政策室の畑山浩一郎主任は、子供の頃、この池で泳いでいたそうだ。

池は日本最小のハッチョウトンボをはじめ38種類のトンボが生息しているが、取材時にはその姿は見ることはできなかった。園内の小川ではホタルの幼虫の餌になるカワニナが多数生息していた。

周辺環境を保全するために、「蓬の郷」管理組合が湧水周辺の安全確認を毎日行っているほか、年6回から7回の一斉清掃、親水公園周辺の雑草等の除草を行っている。またＮＰＯ法人「オアシス水研究会」が水質検査、水質保全への助言・提案や子供たちの環境を対象とした環境教育など行っている。

志布志市は毎年「守っていこう　きれいな水」をスローガンに水保全シンポジウムを開催している。今年で6回目となり、平成28（2016）年度の基調講演は鹿児島大学准教授の井倉洋二氏の「森と人と水」で、市内外から100余名が参加した。

人々が安全に水に親しみ、憩う場所として、管理組合をはじめNPO法人、小・中学生、地域住民の熱心な保全活動が欠かせないものとなっている。

【アクセス】
鉄道：JR日南線「志布志駅」下車→車で15分（親水公園池、湧水口（上池）付近）

平成28（2016）年5月30日付掲載

親水公園池、中池から下池

87 甲突池（こうつきいけ）（鹿児島県鹿児島市）

伝説と豊穣の池

鹿児島市の中心部から北東方向へ山道を辿って約50分、甲突池は標高667ｍの八重山の中腹に位置している。池の前には石積みの美しい棚田がいく層にも重なって広がっている。遠く桜島も望め、甲突池とこの八重の棚田とが相俟（あいま）って見事なパノラマが展開する。

豊かに湧き出る水は古くから「穣（みのり）の水」と呼ばれて地域の住民にとって大切な命の水となり、同時に棚田を潤し豊かな実りをもたらしてきた。池は鹿児島市内の中心部を貫流する全長26㎞の甲突川の源流であり、その湧水量は日に350ｔに達する。湧水は中流の河頭（ごがしら）浄水場で取水され、鹿児島市民60万人の40％の市民に給水されている。

水神様として親しまれてきた甲突池と八重山には、昔から水と山にまつわる昔話が伝わっている。八重山を山の神の天狗（天狗どん）に、甲突池を水の神である河童（ガラッパ）にたとえる「八重山天狗どんと甲突池ガラッパさんのおはなし」だ。天狗どんとガラッパさんが出会い「天ガラもん」が誕生したという、いわば山と水を彩る伝説のロマンス、恋物語だ。毎年5月にはこの民話をもとに地域住民挙げての「天ガラもん祭り」が繰り広げられる。

郡山商工会の大迫尚嗣支部長によれば、祭りには「子供たちがやんちゃでも賢く元気に育ってほしい」という願いが込められているのだという。この日は棚田に数千本の竹灯篭がともされ、花火も打ち上げられる。地元の保育園児や小学生約30人が天ガラもんに扮して練り歩き「ガラッパ踊り」を披露する。地元だけでなく鹿児島市内からも多くの人が駆けつける一大イベントとなっている。

八重の棚田

このほか5月には「八重山ハイキング」も実施される。7月下旬から8月にかけては、川の中を上流に向け遡行踏破する水と緑の交流がテーマの「甲突川源流ウォーク」も人気で、多くの市民が参加している。

地域のシンボルでもある甲突池の豊かな自然環境を守るため、住民は環境保全運動にも熱心に取り組んでいる。年に2回、池の水をすべて抜いて住民挙げて大規模な清掃を実施し、さらに水源涵養地としての後背地を守るためクヌギやヒノキを植林し同時に間伐にも力を入れている。

甲突池のふんだんな水を利用する２４０枚12・

４haの棚田で穫れる「八重の棚田米」は、その味の良さで知られている。棚田の標高は約４００m。大迫支部長は「標高が高いので寒暖の差があって稲がゆっくりと育つ。それで味がいいから昔からそれぞれの棚田に個人客がついていた。ほとんど直販だった」と胸を張る。その人気に応えるため、平成19（２００７）年には区画貸しのオーナー制度を導入した。同時に農業体験や祭りの拠点となる八重棚田館も郡山農業事務所によって開館した。６月の田植えから草取りや稲刈りにオーナーも参加。穫り入れのある10月には、地元の農家とオーナーで収穫祭を兼ねた棚田祭りが催される。棚田館には研修室やキッチンもあり、そば打ちや木工作業が体験できる。

棚田一帯の環境保全を目的にした「八重地区棚田保全委員会」も組織されており、委員会を核に環境保全のため地道だが熱心な活動が続けられている。

【アクセス】

鉄道：ＪＲ鹿児島本線「鹿児島中央駅」下車↓車で約50分

平成28（２０１６）年６月27日付掲載

水の神ガラッパの住む甲突池

88 布勢（ふせ）の清水（しみず）（鳥取県鳥取市）

住民挙げて守る水の恵み

因幡の白兎をはじめ、かつて因幡の国と呼ばれた現在の鳥取県東部には数多くの神話や民話が伝わっている。鳥取市気高町に伝わる「さくら姫」の物語もそのひとつだ。さくら姫が亡き皇子のために祈りを捧げたという御堂は、布勢平神社辺りにあったと伝えられる。その神社境内に「布勢の清水」の湧水池がある。

布勢の清水は古くから飲料水、そして農業用水として地域の生活を支えてきた。明治42（1909）年には湧水をさらに活かそうと住民の力で道沿いに水道が引かれ、現在、地区内の14カ所に蛇口が設置されている。

その頃から湧水を守っていこうという地域の人たちの意識は高く、湧水池の清掃や付近の草取りなどの活動が地域挙げて続けられてきた。平成19（2007）年には「清水の恵みを守る会」が結成され組織的な取り組みもなされるようになった。山田正則会長（68）によると、地域の43戸約150人の会員は4月初めと6月、12月の年に3回は地区総出で池の底をデッキブラシで洗い、周辺の草刈や樹木の剪定など大掛かりな環境整備をしている。このほか4戸1組となって毎

「布勢の清水」の湧水池

週神社の清掃を行っている。

今は簡易水道が各戸に引かれているが、山田会長は「各家庭では焼酎の水割りやコーヒー、麦茶には布勢の清水を使っている。まろやかでカルキ臭などまったくない」とその味に太鼓判を押す。

江戸時代初期に一帯の領主だった亀井茲矩は「その清冷さ氷のごとき」と称賛し、納涼のため湧水池の傍らに涼亭を設けたと伝えられる。背後はタブノキ、ケヤキ、ムクなどが茂る照葉樹林となっており、鳥取県自然環境保全地区に指定されている。「この水が素晴らしいのは広葉樹と厚い安山岩を通してくるからではないか」と山田会長。

その味は広く知られ、周辺地区や鳥取市中心部さらには県外からも多くの人がやってくる。この湧水を仕込み水に使う近隣の酒造会社も少なくない。鳥取を代表する名湯三朝（みささ）温泉の有名旅館の料理長も、この水を求めてきたほどだという。平成26（２０１４）年の調査では、平日で70台、休日には80台もの車が、この小さな集落を訪れていた。現在渋滞を避けるために公民館脇には駐車場が設けられ、水運び用に手押しの２輪コンテナ車２台も備えられた。

　平成28（２０１６）年５月の水質検査によれば、水温は年間を通して13℃、ｐＨは６・８、大腸菌の類はまったく検出されていない。水量は１日７５００ｔと以前からほとんど変わっていないという。湧水池に続く用水路では澄んだ清水だけに自生するバイカモを見ることができる。

　この水の恵みを地域おこしに活かそうと住民は様々な活動に取り組んでいる。毎月第２、第４土曜日には湧水池近くの運動広場で

道端の水道から名水を汲む行楽客

カフェが開かれる。1杯150円のコーヒーに使う水はもちろんこの湧水だ。カフェでは婦人たちによる「もの作りサークル」特製のそばを使ったソバボーロや抹茶羊羹も楽しめる。また「さくら姫交流会」と名付けたイベントでは7月と12月の年2回、地元の農産物や菓子などを販売して水を汲みに訪れる人たちとの交流を図っている。山田会長は「布勢の清水をきっかけにこの集落の良さを知ってもらえれば」と期待している。

【アクセス】
鉄道：JR山陰本線「浜村駅」下車↓バス：（逢坂線）「上殿」下車↓徒歩4分

平成28（2016）年7月28日付掲載

89 宇野地蔵ダキ（鳥取県東伯郡湯梨浜町）

名水を地域活性化に活用

小高い山の崖下から出る湧水。古くから生活用水として利用され、湧水が溜まる池のほとりには巨岩と地蔵堂が祀られている。地元宇野地区の人々が花などを供え清掃、草刈を欠かさず、いつも清潔に管理されている。

三朝東郷湖県立自然公園内にあり、水源は遠く10㎞南にある、崖にへばりつくお堂で有名な三仏寺投入堂がある三徳山からも、長い年月をかけて湧き出すといわれる。湧水量は1日70ｔ。涸れることはない。硬度20の軟水で、カルシウムを多く含み、甘みがありクセがなくおいしいと評判。昭和60（1985）年に県の「因伯の名水」に指定されている。鳥取市、倉吉市などからも水汲みに来る。

地蔵ダキの脇には「南無妙法蓮華経」と彫られた高さ6ｍ、幅2ｍの巨岩と、岩に彫られた3体の地蔵を祀る「法華堂」がある。巨岩には鳥取の長瀬弥兵衛が元禄2（1689）年5月13日に建立したと記されている。

地蔵ダキの近くに住む人たちは、戦前から「宇野地蔵ダキ保存会」をつくり、湧水池とその周

宇野地蔵ダキの水汲み場

辺をほぼ毎日清掃を行い、花や果物などの産物をお供えし、大切に守り続けている。遠くから水汲みに来る人のため、駐車場まで運ぶ水汲み専用コンテナカーも用意してある。保存会の会員は現在7世帯。

河原孝徳会長は、「少なくとも４００年以上前から自然の恵みの湧水で、先祖伝来の地域の宝であり誇りとして名水を守り続けてきた」と語る。夏場は池にすぐ藻が生えるので清掃が大変。奥さんと２人で周辺の清掃を欠かさないという。訪れた当日も真新しい花が供えられ、チリひとつ落ちていなかった。

地蔵ダキのダキは滝の意味だそうだ。滝はごうごうと流れ落ちる水を連想するが、湧水も少し落差がある。崖下の湧水口に木製の樋が差し込まれていて、水がこんこんと流れ出していた。

湧水は宇野地区に上水道が完備される昭和40年代半ばまでは地区の生活用水として利用され、大切に守られてきた。湯梨浜町内唯一の蔵元も酒造りに地蔵ダキの水を利用、鳥取県新酒鑑評会で何度も優秀賞を獲得する名酒を製造している。

毎年、地蔵盆まつりを8月13日から15日のお盆の時期に地蔵ダキの周辺で開催し、地区民総出で古くから伝わる宇野三ツ星盆踊りを踊っている。平成16（２００４）年からは、名水を後世に伝えていこうと「宇野地蔵ダキまつり」が同時開催されるようになった。

平成20（２００８）年6月の平成の名水百選選定をきっかけに、地区民により「名水と環境を守る会」が発足、名水を柱とした地域活性化と保全活動をつなげ、8月23日の地蔵盆には名水まつりを開催し、地区公民館でバザー店や抽選会、盆踊り、そうめん流しなどが行われている。

名水選定は感激だったようで、平成20（２００８）年8月に「名水認定まつり」、11月に「名水フォーラム・祝賀会」を開催した。また、地蔵ダキをプリントした名水グッズ（Tシャツ、手ぬぐい、バッグなど）を製作、地域連携・環境意識の向上に活用している。

【アクセス】

鉄道：ＪＲ山陰本線「倉吉駅」下車↓車で10分

平成28（２０１６）年8月29日付掲載

地蔵ダキまつりを前に湧水池の清掃作業

90 白山美川伏流水群（石川県白山市）

霊峰白山が源流、自噴

霊峰白山を源流とする手取川の伏流水は、扇状地に位置する白山市美川地区の各所で湧出する。湧水群は地区の人々の生活に溶け込み、日々の清掃活動が行われ、また自然観察会も開かれ、大切に守られている。

湧水が噴出する小川には県の天然記念物で絶滅危惧種指定の淡水魚トミヨが生息、きれいな水にしか生えない水草バイカモが見られる。トミヨは増殖池で飼育されているほか、市の施設で水槽飼育展示されている。また全国的にもめずらしいふぐの糠(ぬか)漬け・粕(かす)漬けやいわしの糠漬け、かきもちなども湧水を使用して作られ、地元の特産品になっている。

伏流水群の中で代表的なのが「お台場の水」。1日57・6tの水が自噴する。地面に打ち込んだパイプから湧く水をコンクリート製水槽に流し、上手の水槽は飲み水や食器などを洗い、下のほうは野菜を洗ったり洗濯する決まりで、地元の人々が利用している。

近所の人たち20世帯で「洗い場利用者協同組合」をつくり、洗い場の清掃、湧水のある河川周辺の草刈などを実施。また親子を対象にした自然観察会の開催、地元小学校でトミヨなど地域の貴重な自然を紹介し環境への意識向上に貢献している。

　北村朔二組合長は、「ミネラルの少ない良質な軟水で、まろやかなおいしい水です。1日20人ほど水を汲みに来ます。遠くは金沢、津幡からも。定期的に水質検査し安心して飲めるよう気を付けています。今は水道が整備され、洗濯する人はほとんどいませんが、野菜を洗いに来る人は多いです。観察会の時には子供たちに水道ができる前はこの水を利用していたと水の恵みを教えています」と語る。

　湧水は涸れることはないが、手取川が冬に上流で土砂崩れが起きた時、川の水が濁って川底に泥が溜まり、湧水量が減ったことがあったという。

　お台場の水は小屋の中にある。20数年前、道路建設で移転を余儀なくされ、洗濯などをするのに便利なように小屋を掛けてもらったそうだ。訪問した時は台風の影響で大雨だったが、小屋の中でゆっくり話を聞くことができた。

　当地は江戸期、北前船の寄港地で繁栄、明治初期に最初に石川県庁が置かれた。幕末期、外国船の襲来に備え砲台が造られ、お台場ということだ。

お台場の水

主要な伏流水群は、蓮池の水、呉竹水荘、大浜の水、安産銘水、すいはの水など6カ所あるが、自然に湧き出る水は100カ所以上あるといわれ、その湧水量はかなりの量になろう。

道路端にある湧水では、車を止めてポリタンクに何個も汲んでいる人を見かけた。しかし、現在全部が自噴しているわけでなく、ポンプ汲み上げの湧水は地下水位が下がって、利用されなくなっているところもあった。

白山市は美川地区を対象に地下水保全条例をつくり対策に取り組んでいる。よそから来る人が分かりやすいように湧水マップを作り、名水の案内板を設置した。名水担当の白山市観光課の山岸朗子さんは、「美川伏流水群は白山市の自慢のひとつ。大事にして後世に伝えていきたい」と強調した。

【アクセス】
鉄道：JR北陸線「美川駅」下車→徒歩10～20分

平成28（2016）年9月29日付掲載

安産（やすまる）銘水の水汲み場

91 弓の清水(しょうず)(富山県高岡市)

木曽義仲、弓で掘当て伝説

富山県高岡市常国は、市街地から南東に約7㎞離れ、庄川がつくった扇状地内にあり、とりわけ良質な水に恵まれた土地である。この地は寿永2(1183)年、木曽義仲が平家の大軍と白兵戦を繰り広げた古戦場として知られ、義仲軍は猛暑のため兵馬とも疲れ果て、喉を潤そうとしたが水がなく、部下の進言により義仲が「南無八幡(はちまん)大菩薩」と唱えながら崖の下を弓の先で掘ったところ、そこから清水が湧き出した。「弓の清水」の名称はこの故事に由来している。

この湧水の場所はすぐ傍らにある常国神社の社地内にあり、閑静な小公園になっている。崖の下で樹齢数百年の大杉の下にこんこんと湧き出ていて、現在まで涸れたことがないという。

湧水の出方を見た瞬間は、〝えっ〟と思ったのであるが、落ち着いて見てみると〝なるほど、こんな方法もありだな〟と納得。どういうことかというと、湧水の湧き出し口の上に、重さが100㎏以上はあると思われる直径が約60㎝くらいの丸い石を半分に切って裾の部分を8角形に加工し、切断面の中央から溝を切って一方向だけに水が流れるようにした石の切断面を下にして帽子のように被せてあるのである。従って、湧水は水源地の水面から上には飛び出さず、溝が切られた方向（下流側）に静かに流れ出している。

この由緒ある湧水を末永く子孫に伝えようと、大正2（1912）年に「常国旧跡保存会」が設立され、源泉地を築造し周囲には保護用の石柱や屋根、案内板等を設置して整備し、現在まで保全・維持活動を行っている。また、清水の由来をまとめた資料を作成、配布している。

渋谷信昭会長（70）は「地域住民全員の147世帯が会員で会費を拠出して幟旗を作ったり、源泉地の清掃・除草・水場の管理等を週に1回程度、5人ほどで当番制で行っている」と話す。

我々が訪れた時もきれいな状態であった。平成14（2002）年には水汲み場の新設と源泉地周囲の保護石柱を修復し、平成27（2015）年には崖上の古戦場の石碑へ上る遊歩道の整備なども行ったという。

さらに木曽義仲ゆかりの貴重な文化遺産・水環境を守る活動として、地域を愛する心が醸成され

「弓の清水」源泉地

地域の一体化や活性化につながっているようで、保存会の努力を感じた次第である。

なお、水質については年4回ほど県が分析しており、飲用に問題はないが、安全のために煮沸して飲んでほしい旨の注意看板が立てられていた。水温は15℃、pHは6・7ぐらいで年間を通してほぼ一定とのことであった。

また、明治元（1868）年に、この弓の清水を利用した流しそうめん店「名水茶寮〝清水亭〟」がすぐ傍らにオープンし、訪れる人々を楽しませてとても繁盛していたが、経営者が亡くなり、昨年(※)閉じられてしまったそうで、残念ながら味わうことができなかった。名水を訪ねる多くの人々のためにも、地域の活性化のためにも1日でも早く再開を願うのみである。

「弓の清水」水汲み場

【アクセス】

鉄道：JR北陸本線「高岡駅」下車→バス：（中田行き）「弓の清水」下車→徒歩3分

※平成28（2016）年10月27日付掲載

92 不動滝の霊水（富山県南砺市）

水量豊か、清冽な岩清水

落差40mの不動滝から50m下流の岩場の割れ目から湧き出す清水である。江戸時代、大干ばつから村人を救った命の水として信仰され、この清冽な岩清水を求めて多くの人が訪れる。地元の人々が定期的に水質検査、清掃活動などを実施、守っている。

この一帯は水脈が豊富で多くの場所から水が湧き出ているが、水汲み場に湧く霊水は1日約300tと豊か。水温は年間を通じて11℃前後で、水質は弱アルカリ性。昭和61（1985）年には「とやまの名水」に選定されている。

霊水は2カ所の割れ目から湧出、石の樋を流れて石の水槽に注ぐ。脇には高さ2mほどの石の仏像があり、霊水の厳かさを醸し出している。平成16（2004）年には水汲み場に落石防止のため立派な屋根がかけられ、水汲み場の前には東屋風の休憩所、駐車場も整備された。冬は積雪のため閉鎖される。

天保年間（1830年頃）に日照りが100日間続き、井戸水も涸れ疫病が流行した。その時、井波地域の常永寺18代住職が霊水を不動滝に捧げ7日7晩祈ったところ、夕刻から雨が降って山野を潤し、村人を救ったと伝えられている。古くから飲用水や農業用水として利用されている。

不動滝は水汲み場から5分ほど遊歩道を登ったところにある。3段で流れ落ち、上段30m、中・下段10m。水量もあり、見るものを圧倒する。落下の様子が白布に包まれた不動尊を想起させることからこの名がある。一帯は水脈が交差する断崖渓谷が連なる複雑な地形から、古来、龍神がすむ神秘な山と伝えられている。

霊水は井波地域南山見地区の7集落で構成する「七村郷Vセブン委員会」によって守られている。同委員会は平成13（2001）年に設立。各集落から代表が2人出て、会員は14人。七村郷の自然と環境を守り、不動滝周辺の美化活動、霊水を活用した地域おこしを行っている。

落差40mの不動滝

毎月第1日曜日朝5時30分から草刈、水汲み場の清掃、滝に通じる林道の整備やごみ収集などを実施。春と秋の美化活動には市、警察署、国の関係出先機関、地元の中学校などから協力ボランティアグループが参加、毎回100人を超える。

この活動により来客数が月１０００人だったのが月５０００人に増え、観光スポットとしても紹介され、遠くは名古屋などからも水汲みに来るようになった。

前川哲郎委員会会長（77）は「井波中学校からたくさんの生徒に参加してもらい、最近は効果が上がって、ごみの不法投棄が少なくなった。また、環境美化を呼び掛ける標語を募集し、選ばれた中学生の標語を書いた標柱を、水汲み場周辺に設置している」と語る。平成24（２０１２）年には「不動滝名水音頭」ができた。作詞は前川さんである。その歌詞は「八乙女山のふところ深く…流れ落ちたる霊水の…」と不動滝への感謝と誇りを謳う。

毎年8月４日には村人を救った故事に因み、水の恵みへの感謝と五穀豊穣を祈願し「不動滝祭礼」を行い、地元産の大豆と霊水で仕込んだ豆腐をお供え物とし、参列者にも配っている。

【アクセス】

車：北陸自動車道「砺波ＩＣ」から車で30分

平成28（２０１６）年11月28日付掲載

「不動滝の霊水」の水汲み場

93 行田の沢清水（富山県滑川市）

剱岳が源流の伏流水

滑川市は、立山連峰の剱岳（２９９９ｍ）を源流とする早月川の扇状地にある。その先端に行田公園がある。

行田の沢清水は、滑川市役所の南東１・５㎞ほどの上小泉地内の教育の森・行田公園にある。公園は幅50〜80ｍ、長さ１・５㎞と細長く、広さは６・５haある。細長い地形は早月川の昔の河道の跡と考えられている。

早月川は日本一の急流河川で、海抜１４０ｍ付近で水の一部が地下にしみ込み、伏流水となり富山湾へ注いでいる。上下を粘土等の不透水層で挟まれた砂礫層（帯水層）を流れる水は、大気圧より圧力が高く被圧地下水と呼ばれている。その水が地上へ自噴するのが行田の森である。公園内の水飲み場（地上１ｍほど）から水が湧き出ている。

年間を通じて13〜20℃の清冽な水で、圧力が高いので周囲からの汚染が少ない。湧水はそのまま水道水質基準に適合するほどに良質。飲んでみると軟水で鉄味もないまろやかな味であった。市の水道水は立山連峰の伏流水を滅菌して給水する恵まれた環境であるので、水汲みに訪れる市

「行田の沢清水」湧水地帯

民はいないとのこと。

行田の森の謂れは、平安から室町時代にこの地域には京都の祇園社(八坂神社)の荘園があり、その「祇園田」が「ぎょうでん」となったとの説が有力である。越中国司の大伴家持が「早月川」を詠んだ歌が万葉集(巻17　4024)にある。

森は湧水と早月川支流の中川がつくる低湿な沢地にある。荘園以前からの人々の営みとたびたびの洪水とその再生という人との関わりを持ってきた里山と思われる。

豊かな水を利用した花菖蒲園が昭和49(1974)年につくられ、毎年6月中旬から下旬に88種4万株が咲き誇る。市内外から1万人が訪れる。ハンノキ、ケヤキ、シロダモなど植生豊かである。

園内の道から枝越しに民家の裏庭が見え、まさに里山の雰囲気である。清流で冷水を好む沈水性のバイカモが茂っている。残念ながら開花の最盛期は少し過ぎていた。

公園は花菖蒲だけでなく、小学校児童の自然観察や清掃活動等の環境教育にも大いに利用されている。管理は市の公園緑地課であるが、地元の上小泉町内会が毎年、花菖蒲前の6月初旬の日曜日に200から300人で、公園内を10区画に分けて清掃や遊歩道の手入れを行っている。

この手入れの特徴は、倒木は切らない除去しない、森林部の下草は刈らない等、なるべく自然生態のままとしている。活動のリーダーは1000戸超の町内会会長で、160人の保育園理事長でもある佐々木忠臣さん(76)で、現地案内してもらった。

また、資料の準備、現地案内と熱心に説明してくれた川岸弘明・公園緑地課長の郷土愛には感激した。里山と清水は貴重な故郷資産であると改めて感じた。

【アクセス】

鉄道:JR北陸本線「滑川(なめかわ)駅」下車↓徒歩15分

平成28(2016)年12月26日付掲載

「行田の沢清水」散策コース

94 いたち川の水辺と清水（富山県富山市）

地蔵尊と住民が守る霊水

富山市中心部の東側をほぼ南北に流れる全長約15㎞のいたち川には38の橋が架かる。その下流部の末広橋から松川との合流点までの約3㎞が、平成の名水百選に選ばれた。両岸には合わせて19の地蔵尊があり、3カ所には水神様を祀る水神社が建っている。信仰篤い土地柄もあるが、大規模な氾濫洪水で多くの人が亡くなったかつての悲惨な歴史を物語ってもいる。

いたち川は天正9（1581）年に、越中と呼ばれたこの地の国主となった佐々成政が、治水事業の一環として掘削整備したと伝えられている。しかし、常願寺川の湾曲部を水源としたため、その後もしばしば氾濫し付近一帯は泥水と化すことも多かった。安政5（1858）年2月の飛越地震では、源である常願寺川の堤防が決壊して流域住民の多くが犠牲となり、洪水後には疫病が蔓延し多くの病人が出た。

いたち川の左岸泉橋の西詰にある「石倉町の延命地蔵尊」はこの洪水をきっかけに建てられた。「石倉町延命地蔵奉賛会」の縁起によると、当時石倉町に信仰心の篤い晒屋甚九郎という人物が住んでいた。その夢枕に地蔵菩薩が現れ、洪水で立山の麓から流された地蔵尊像が川の底に沈ん

いたち川

でいるとのお告げがあった。甚九郎が引き揚げ、ねんごろに供養し疫病に苦しむ人々のために祈ったところ、多くの人の病気が快復したという。甚九郎と町の人々は地蔵尊の功徳に報い死者を供養するため、協力して御堂を建立して地蔵尊を祀ってきた。

以来この延命地蔵尊の湧き水は万病に効く霊水として人々に広まり、たくさんの人が水を求めて行列をつくるようになった。こうした人たちのため平成21（２００８）年には龍の形をした銅製の蛇口が設置された。さらに同23（２０１６）年には蛇口は２口に増設された。取材した日に会った10数個のポリタンクを小型のバンに積み込んできた女性は「ここの水はやわらかくておいしい」と話していた。周辺にはこの水を使った豆腐屋やたこ焼き屋も営業している。さらにはこの水を使う老舗の和菓子店

「いたち川の水辺と清水」水汲み場

や日本酒の醸造元もある。現在は湧水をポンプで汲み上げており、水量は1日約40t。平成26(2014)年8月の水質検査では大腸菌は検出されず有機物も1ℓ当たり0・3㎎以下、pHは6・9で水質基準に適合している。泉橋を渡った対岸には泉町子宝地蔵尊があり、こちらはコイを型どった蛇口から同じ湧水の水が勢いよく迸っている。

戦前に組織され昭和30(1955)年に再発足した奉賛会の鍵野比孝(ともゆき)会長(79)によれば、会員や近所の人々は毎朝交代で地蔵尊の御堂の内外と水回りの清掃を実施している。鍵野会長は「この町にはお地蔵さんとお水を大事にする人がたくさんいる。対岸の泉町のお地蔵さんも互いに掃除をしたり交流している。昔は水を汲むのにホースを使ったりしていたが今は蛇口も整備されて喜ばれている」と話していた。

7月23日と24日の地蔵尊祭りには灯篭流しも

行われ、両岸は幻想的な雰囲気に包まれる。
もうひとつ、島原義三郎などによる「鼬川の記憶」（桂書房）によると、かつて泉橋を渡って東新地の遊郭に向かう男衆が登楼前に病気にかからないようにお参りし、逆に女性も病気にかからぬようにとこっそり手を合わせた。そんなスポットでもあったという。物語の詰まった人間臭い名水でもある。

【アクセス】
鉄道：地鉄不二越・上滝線「大泉駅」下車→立山道しるべからいたち川沿いに下る。またはセントラム（市内路面電車）「桜橋」などの各駅で下車→西へそれぞれ徒歩約10分

平成29（2017）年1月30日付掲載

95 荒川（福島県福島市）

歴史的治水施設がある清流

荒川は阿武隈川の支流。名の通り暴れ川で水害をもたらしてきたが、治水施設の整備により豊かな河川環境が確保されるようになった。また、国土交通省調査で水質が最も良好な河川とされる清流である。流域の住民は荒川の保全活動組織をつくり、清掃や市民への啓発活動を行い積極的に取り組んでいる。

荒川は源を奥羽山系に発し、下流で扇状地を形成しながら阿武隈川に合流する。延長約30㎞。標高1900mの吾妻連峰から流れ出て、15㎞ほど山間の峡谷を滝のように走り、標高350mの地蔵原堰堤（えんてい）に出る急流河川。

このため、流路が変わったり洪水が起き悩まされてきたが、先人たちは霞堤や水防林などの砂防・水防施設をつくり、災害と闘ってきた。これらの施設は歴史的にも高く評価され、土木学会の平成19（2007）年度選奨土木遺産を受賞、翌年には文化庁の登録有形文化財に登録された。

その昔、猟師が山間の川で目から血を流す木像を拾って目を洗い、祀ったのが名の始まりといわれる。目を洗った「洗い川」から「荒川」に転じたという。木像は聖徳太子の自刻像で、洗った水が温泉だったといい、上流にある土湯温泉の発見伝説でもある。

名水担当の福島市建設部河川課の菊田悟主幹は「荒川は荒れる川という意味もあります。昔は上流では土石流、下流は水害がよく起きましたが、治水工事が行われ平成10（1998）年以降は河川氾濫等は起きていません」と語る。

地蔵原堰堤（福島市河川課提供）

平成10（1998）年に地蔵原堰堤の近くに荒川資料室（市河川課所管）が開設された。荒川の治水・砂防の歴史のパネル、模型、写真などを展示し、職員も常駐。楽しく学べる施設で、住民団体の荒川保全活動の拠点ともなっている。

活動の中心になっているのが「ふるさとの

川・荒川づくり協議会」。平成9（1997）年に当時の建設省から「ふるさとの川」に認定されたのを契機に同年3月設立された。現在会員は個人130人、企業25社。熱心な活動により県やマスコミから表彰されている。

　主な活動は、あらかわ自然学校、荒川探訪会、荒川クリーンアップ大作戦、水質・生物定期調査、研修会など。共催事業としてウォーキング、クロスカントリー大会、稚魚放流等と多彩。クリーンアップは5月と10月、年2回1000人以上が参加、7区間に分けて草刈、ごみ拾いをする大掛りなもの。

　会長は行政書士事務所長が本業の齋藤忠雄さん(65)。就任して3年になる。「一時は仕事で離れていたが、荒川の素晴らしさを再認識して取り組んでいます。家族で参

荒川について楽しく学べる荒川資料室

加する人も多く、川だけでなく町もきれいになっています」と強調する。荒川は国土交通省の一級河川水質調査で最近6年連続「水質が最も良好な河川」（ＢＯＤ年平均値０・５㎎／ℓ）とされ、日本一の水質を誇っている。上流の土湯温泉の旅館には汚水処理施設を整備してもらい、維持管理もしっかりするよう要請しているという。稚魚放流は、アユは福島第一原発事故による放射性物質飛散の影響で現在中止。サケは毎年1月に小学生が参加し実施していたが、今は漁協、会員等だけで行い、漁はしていない。

【アクセス】
鉄道：ＪＲ東北本線「福島駅」下車→バス：佐原（さばら）行き「荒川発電所」下車→徒歩5分

平成29（２０１７）年2月27日付掲載

96 神流川源流（群馬県多野郡上野村）

川に根ざした伝統的な祭り

神流川の名前は、神の川が神名に転じたことに由来する。

神流川の源流は群馬、埼玉、長野の県境が接する三国山にその水源を発し、多数の支流・沢を合流し上野村を西から東に横断している。その後、神流町・藤岡市を通過して、高崎市新町で烏川に合流し、利根川へ注ぐ一級河川である。上野村が昭和63（1988）年から生活排水処理対策として合併浄化槽設置を積極的に進めたこともあり、国土交通省から3年連続（平成16〜18（2004〜2008）年）で関東一きれいな川として認定されている。

神流川流域では川に根ざした伝統的な祭りが受け継がれている。

「お雛がゆ」はその昔、神流川に流されてきたお姫様を助け、お粥を差し上げ元気づけたという民話にならった乙父地区の行事で、国選択無形民俗文化財に指定されている。

4月3日、子供たちが役場のすぐそばの川原にシロ（城）と呼ばれる円形の石積みを作り、炬燵やお雛様を運び、食べたり遊んだりして楽しいひと時を過ごす。

また、「神流川のお川瀬下げ神事」は群馬県内では山中領（現在の上野村・神流町）だけに残

神流川ヤマメ釣り

された行事。4月5日の祭典で羽織袴姿の青年8名に担がれた御神輿は山の中腹にある神社からお囃子(はやし)を奏でながら川瀬に向かい、担ぎ手は息がご神体にかからないよう半紙を四つ折りにして口にくわえ、川瀬に設けられた御台所に祀り、無病息災、五穀豊穣を祈る県指定重要無形民俗文化財の神事である。

地元住民の神流川を大切にする意識は強く、川原の清掃も積極的に行われている。夏休みには都市部から川原でのキャンプ・水遊び等を目的として多くの家族連れが訪れている。

取材はヤマメ解禁の3月1日の2日後。平日にもかかわらず多くのフィッシャーマンが釣り糸を垂れていた。上野村漁協では「ヤマメにとって住みよい環境は、人間にとっても住みよいはず」との思いを込めて、清流維持に努めている。
　上野村ふるさと納税は、寄付者の「ふるさとへの想い」を大切に、村づくりで掲げた5つのテーマの事業の中から寄付者が指定した事業に充当し、村づくりに反映させている。「かじかの里づくり事業」もその一環として行われている。

【アクセス】
鉄道：JR高崎線「新町駅」下車→バス：日本中央バス（上野村ふれあい館行き）（100分）「ふれあい館」下車

平成29（2017）年3月30日付掲載

神流川お川瀬下げ神事

97 観音霊水（長野県飯田市）

体をつくる生きた水

南アルプスの最南端に位置する標高723mの遠山郷唯一の独立峰・盛平山（もりへいざん）の麓に龍淵寺（りゅうえんじ）観音霊水がある。

この湧水は盛平山の中腹に湧き出た水を取水し、約300mのパイプで龍淵寺境内まで導水している。これまでに一度も涸れたことがなく、頂上付近に霊場があることから、この水を「観音霊水」と名付けた。

1日の湧水量は45㎥、水温は14〜15℃と年間を通してほぼ一定である。最近の検査によれば、pH8・0、カルシウム51・0㎎／ℓ、マグネシウム1・0㎎／ℓ、炭酸水素171㎎／ℓ、カリウム0・5㎎／ℓ、硬度184・9㎎／ℓで、日本屈指の硬水である。この数値が示すようにマグネシウムとカルシウム等のミネラル含有量が非常に高い。

観音霊水は「体をつくる生きた水」として口コミにより中部・関西地方からも多くの人々が霊水を求めてやってくる。

龍淵寺住職・盛宣隆（もりのぶたか）氏（64）は「水の効用が地域にとっては新しい発見であり、周辺の観光施

設と結びつけて誘客につなげたい」と抱負を語ってくれた。
　水質保全活動としては「観音霊水を愛する会」が毎日給水場を清掃し、月1回水源地周辺の清掃と点検を行っている。
　取材中にも県外のナンバープレートの車がひっきりなしに水を汲みに訪れていた。「日本の飲料水は軟水ですよね。硬度の高いこの水はお茶や炊飯に向かないのでは?」と声をかけると、「とんでもない。釜や鍋がカルシウムで真っ白くなったり、湯沸しポットがだめになるけれど、ご飯はおいしく炊け、珈琲もとてもまろやかでおいしいですよ」と返事が返ってきた。

平成の名水百選に選定された時に採水された水

　水汲み場は樹齢1000年ほどのサワラの流木をくり貫いた水桶があり、龍の口から水が出ているほか、3カ所の蛇口を設け、採水しやすいようにホースも整えられていた。
　給水場には観音像、カエルの置物が置かれ、棚には水を汲みに訪れた人たちの感謝の気持ちが綴られたノートがたくさん積まれ、また安心・安全の名水を示す最新の水質検査表も置かれていた。

観音霊水は「きれいな水」の指標である炭酸水素が極めて多く、汚れの指標となる硝酸性窒素が０・２㎎／ℓ以下と極めて少なく、長期保存も可能だという。このため防災用の備蓄飲料水としても注目されている。龍淵寺には平成20（２００８）年に制定された平成の名水百選に選定された時に採水した水がペットボトルに保存されていた。

東京に持ち帰った観音霊水で炊いたご飯と珈琲はとてもおいしかった。

【アクセス】
鉄道：ＪＲ飯田線「平岡駅」下車→バス：（和田行き）「和田」下車→徒歩３分

平成29（２０１７）年４月27日付掲載

龍淵寺「観音霊水」水汲み場

98 栂峰渓流水（福島県喜多方市）

上流は広大なブナ原生林

喜多方市の上水道、農業用水などの水源になっている栂峰渓流水。有名な喜多方ラーメンや地酒造りに欠かせない水である。夏にはブナの原生林の間を大小数十の滝となって流れる栂峰などの渓流を巡る沢登り会が開催され、沢登り愛好家らが沢の清掃などの保全活動を行っている。

山形県との県境、飯豊連峰と吾妻連峰が交差する場所に位置し、会津百名山のひとつ、栂峰（標高１５４１ｍ）の分水嶺に端を発する渓流である。福島県管理の多目的ダムである日中ダムに流れ込み、喜多方市民の生活を支えている。

上流は水源涵養機能が高いブナの広大な原生林。毎年７月下旬に日中飯森山沢開きが１泊２日で行われ、県内外から多く参加する。ヘルメットをかぶり草鞋を履いて沢を登る。四条四段滝、糸滝、黒滝等の絶景が見られる。当日は中腹で１泊して、翌日飯森山頂に登り尾根を下山する。

主催者である地元の「つがざくら山岳会」は、飯森山登山道の草刈、清掃を毎年実施。沢開き参加者に栂峰自然環境保全地域の巡回活動の説明、動植物の保護、ごみ捨て禁止などを指導している。

渓流水は清らかで水量も豊富。日中ダムに注ぎ、会津北西部４７４０haの田畑を潤し、水力発電を行い、喜多方米、美味な地酒、喜多方ラーメンを生んでいる。

喜多方市の上水道は日中ダムから取水、導水管で熱塩(あつしお)浄水場に引いて浄化し、大半が自然流下で市内に供給している。浄水能力日量約２万㎥で、現在４万３５００人に１万５０００㎥給水。

雪解け水が入って豪快に流れる栂峰渓流水

渓流水の水質はＢＯＤが０・５㎜／ℓ以下で、おいしい水の要件に合い、そのまま飲めそうな水である。日中ダムの上流には国道１２１号線が走るのみで、建物や人家はない。折紙付きのきれいな水源である。

名水百選を担当するのは他市町村では環境、観光の部署が多いが、喜多方市は水道課。名水百選に選定される前から自慢の水道水を５００㎖のペットボトルに詰め、「喜多方の水」の名前で売り出している（販売は市の第三セクター）が、百選選定で箔(はく)が付き人気は上々、市内の商店で販売されている。

井上清隆水道課長は「上流は磐梯(ばんだい)朝日国

立公園や国有林なので、大雨の時は濁度が高くなるが、水質汚染の心配はありません。毎月1回、栂峰渓流の水を採取して測定、浄水場では常時水質を自動監視し、異常があればすぐ対応できるようになっています」と安全安心で、喜多方ラーメンのスープと麺のおいしさを創り出す秘密が市の水道水にあることを強調する。

栂峰渓流水が流入する日中ダム

5月連休明けに現地を訪れた。人が近づけない急傾斜の渓谷には残雪が所どころにあり、山桜が咲き良き眺めだった。渓流には道らしい道は見当たらず、人が簡単に水源地域に入るのは難しく、水源が汚染される心配はないようだ。

【アクセス】
鉄道：JR磐越西線「喜多方駅」下車→国道121号線→大峠トンネル入り口へ車で30分※駐車場あり

平成29（2017）年5月29日付掲載

99 荻道大城湧水群（沖縄県中頭郡北中城村）

水の恵みで花と緑のまちに

「あのヒラ（坂）何んで言ゆる坂だやべるが…あんす高さるヒラ（坂）もあやべさや」那覇から荻道・大城の急な坂道を通って仕事に出かける挽物大工が、道中に歌ったという〝挽物口説〟の一節だ。高台に位置する両地区には、10カ所のカー（井泉）と呼ばれる湧水が点在している。高台を形成しているのは、浸透性のある琉球石灰岩で、その下には島尻泥岩と呼ばれる不透水層があるため、しみ込んだ雨水は、豊富な湧水となって地上に出てくる。

地区の歴史は古く、大城に集落が形成されたのは約700年前、琉球王国の誕生以前に遡る。世界遺産として知られる中城城の城下町であり、城跡の石積みとカーの造りがほぼ同じことから、湧水は永享12（1440）年頃から利用されていたと考えられている。

カーの水は、昭和43（1968）年に水道が布設される前には、飲み水や生活用水として使われていた。水浴びや洗濯、野菜洗いをしながら、ユンタク(おしゃべり)をする憩いの場であり、また、片隅に隠れるように、ひっそりとした佇まいを持つカーは、神聖な場所でもあった。大城で1番古い「チブガー」、荻道の「メーヌカー」は、産水や清め水として利用され、元旦の早朝に子供たちがカーから汲んだ水を火の神や仏壇に供え、家運隆昌と健康を祈願するワカジミ（若水）にも使われた。今でも正月（1月3日）には、水の恵みに感謝するハチウビー（初御水）祈願が行われる。

水道にその座を譲ったカーだが、昭和47（1972）年の本土復帰にともなう都市化の影響は深刻だった。昔の面影を残す屋敷林や石垣が壊され、道路や宅地の造成で、地面がアスファルトやコンクリートで覆われた。降った雨は地面にしみ込まずに海に流れ出てしまい、カーの水量が減り、淀んで水質は悪化した。

事態を重くとらえた住民は、街の緑化と景観の美化に立ち上がった。

これを受け、村は「古城周辺歴史景観整備事業」を実施。住民の計画により、カーや池、ビオトープを取り込んだ公園や、琉球の赤瓦で葺（ふ）かれた大城公民館などが整備された。「観光地修景緑化事業」では、住民の手により、道に4000本にものぼる蘭の苗が植えられ、さらに、建物

村指定史跡のイリ（西）ヌカー

の高さを3階までとし、できるだけ琉球の赤瓦で屋根をふくようにする「古城周辺景観協定」が、村長と自治会長との間で結ばれた。

協定を機に結成された「大城花咲爺会（おおぐすくはなさかじいかい）」は、公用地だけでなく、個人宅にも木を植え、地域の緑化に成果を上げた。会員は55歳以上の花が好きな男性で、定期的に歩道の草刈と生垣の剪定をするほか、県道や公園、カー周辺の掃き掃除やごみ拾い、草花や蘭の手入れなど、個別に毎日活動している会員もいる。木や草花への水やりにはカーの水が使われる。

会長を務める外間裕さん（75）は、「花咲爺会の目的は、地域活動と、もうひとつは生きがい、居場所づくり。仕事が終わったら、東屋でビールを飲みながらホラを吹き合う。そこでいいアイデアが出たら実現していく。それが楽しみ」と話し、笑顔を見せた。

【アクセス】
バス：沖縄バス「喜舎場（きしゃば）」下車→徒歩20分

平成29（2017）年6月29日付掲載

大城のアガリ（東）ヌカー

100 ジッキョヌホー（瀬利覚の川）（鹿児島県大島郡知名町）

集落に元気を取り戻す命の水

ジッキョヌホー（瀬利覚の川）は奄美群島の南西部に位置する沖永良部島（おきのえらぶじま）の知名町にある。九州本島から南へ500㎞余、空路で1時間余、フェリーで18時間ほど、沖縄本島から北へ60㎞、フェリーで5時間半ほどのところに位置する。周囲約50㎞、面積93 6㎢で、人と生き物が自然とともに暮らす島である。沖永良部島は石灰岩に被われている。サンゴ礁が隆起した島で地下地形としてのカルスト水系が数多く存在し、皿状小凹地に流れる暗川（くらごう）と呼ばれる地下水が生活用水として用いられていた。

ジッキョヌホーは瀬利覚集落の中央に位置し、地表近くに湧き出ているため、他の暗川より恵まれ、住民にとって命の源としての飲み水、洗濯や野菜洗いの生活用水、農業用水等に使われるだけでなく、子供たちの遊び場や集落の情報発信地でもあった。1日の湧水量は1907tと多い。

1960年代までは島の生活は豊かではなかったが、ともに助け合うイータバ（結）の豊かな字（集落）がホー（川）を中心に行事・文化・祖先崇拝等を守り受け継ぎ、心豊かな日々を送っていた。だが、水道が普及し始めた頃からホーへの畏敬の念が薄れていった。人口も１０００人を超えていた字は年々小さくなり６００人ほどまでに減少した。

瀬利覚字住民をひとつにまとめてきた命の水を、孫たちのためにも、もう1度見直し、字になんとか元気を取り戻そうと字の有志が頑固者を意味する「ファングル塾」を平成25（２０１３）年6月に立ち上げた。現在会員は69名で代表は朝戸武勝氏である。

主な活動は①字の「命の泉ジッキョヌホー」を定期的に清掃し、清涼な地下湧水保全や衰退化しつつある地域の「結いの心」や子供たちの「水」に対する尊敬醸成をはかる、②絶滅危惧種「トーギョ」の保護・増殖のためのビオトープの造成、③字の「宝」を後世に伝えるための散策ガイド――等を実施している。ファングル塾は本年6月に環境を守るかごしま県民運動環境保全活動団体として表彰されている。

ジッキョヌホーへの湧水流入口

筆者らが訪問した夕暮れ時、7～8人の子供たちが歓声をあげながら水遊びに興じ、翌朝はおばあさん達が洗濯をしていた。今でもこのホーが子供たちの遊び場や瀬利覚の集落住民の生活の場所として欠かせないものであることを実感させられた。

平成３（１９９１）年からはホーへの感謝を込めた祭りも始まり住民による毎月１回の掃除も行われている。平成27（２０１５）年には子供たちがホーの大切さを学び、きれいな水の中で、楽しく遊んでほしいとの願いからホー開きを企画し、今年(※)も６月25日に実施した。瀬利覚字の子供や大人を中心に80余名が参加。ホーでの水遊びや各種レクリエーション、そして合間にはかき氷やスイカ等を食べ、参加者は和気あいあいと楽しい１日を過ごしたという。

ジッキョヌホーで水遊びに興じる子供たち

ジッキョヌホーは衰退化しつつある瀬利覚字の住民に、元気と輝きを取り戻すための多くの役割を担っている。かけがえのない「命の水」である。

【アクセス】
バス：沖永良部バス「瀬利覚」下車→徒歩１分

※平成29（２０１７）年７月31日付掲載

取材執筆（あいうえお順）

阿久津守、一井信治、井上徳浩、鵜澤道雄、大月進、鎌田修、吉川敏孝、木村太一、木本直次、越田稔、古手川哲寛、酒本義司、佐々木聡、澤美衣、柴崎彬、末松孝一、須藤隆、曽根庸夫、高橋信夫、武田尚志、武田洋、田辺晴海、多根井敏夫、土屋始彦、中川勝、中島秀侑、中西正弘、西田志真子、濱野勝利、藤本實、藤原正弘、増田正子、水上俊彦、見並勝佳、村上幸司、村國政春、山﨑昭男、横山博文、渡邉健、渡辺進

挿絵
土屋始彦

版画
一井信治

この作品は、水道産業新聞に２００９年（平成21年）４月から２０１７年（平成29年）７月まで連載された「名水紀行」を単行本にまとめたものです。

著者代表プロフィール

吉川敏孝（きっかわ　としたか）

ＮＰＯ法人環境フロンティア21理事長

昭和18年４月30日生
昭和42年　早大理工学部土木工学科卒
昭和44年　早大大学院工学研究科修士（衛生工学）卒
昭和44年４月　日本鋼管株式会社（現ＪＦＥエンジニアリング株式会社）入社
平成11年４月　同社総合エンジニアリング事業部水エンジニアリング本部長
平成12年４月　同社常務就任
平成14年６月　日本鋳鉄管株式会社代表取締役社長就任
平成19年６月　同社相談役
平成22年３月　ＮＰＯ法人環境フロンティア21理事長
平成22年７月　国際ロータリー（木更津ロータリークラブ）
平成27年６月　公益社団法人日本退職者協会理事

現在に至る

名水紀行　～平成の水100選を訪ねて～

2018年３月16日　第１刷発行

著者代表　吉川 敏孝

発 行 者　西原 一裕

発 行 所　株式会社水道産業新聞社

〒105-0003　東京都港区西新橋３－５－２（第一法規ビル７Ｆ）

ＴＥＬ　03-6435-7644

http://www.suidou.co.jp/

印刷・製本　株式会社恒和プロダクト

定　　　価　本体1,500円（税別）

ISBN978-4-915276-00-2 C0026